생명에서 생명으로

Life Everlasting

생명에서 생명으로

인간과 자연, 생명 존재의 순환을 관찰한 생물학자의 기록

Life Everlasting

베른트 하인리히 글 · 그림 | 김명남 옮김

궁리
KungRee

추천의 글

"여태 그 사실을 분명하게 깨닫지 못한 독자가 어디 있으랴만, 만일 그런 사람이 있다면, 베른트 하인리히가 우리 시대 최고의 자연학자라는 사실을 이 책이 새삼 확인시켜줄 것이다. 『생명에서 생명으로』는 야외에서 자연사 연구에 평생을 바친 사람만이 가질 수 있는 진실성과 독창성이 빛나는 책이다." ─ 에드워드 O. 윌슨, 하버드대학교 펠레그리노 석좌교수

"대단히 정밀한 자연도감인 동시에 세상의 모든 것들이 어떻게 연결되어 있는지를 더 깊이 생각하게 만드는 책이다." ─《보스턴 글로브》

"죽음과 쇠퇴에 초점을 맞추었음에도 불구하고, 이 책은 전혀 음울하지 않다. 오히려 삶을 긍정한다. 독자로 하여금 육체의 종말은 생명의 끝이 아니라 재생의 기회임을 자연스레 믿게 만든다." ─《네이처》

"베른트 하인리히의 책은 우리가 자연의 경이를 발견하도록 시야를 틔워준다. 나는 매혹적이고 섬세한 그의 그림이 좋고, 그의 시선에 담긴 서정성이 좋고, 그가 자연의 물리적 작동 방식만이 아니라 그 속에 담긴 이야기와 드라마까지 들춰내는 것이 좋다." ─ 에이미 탄, 『조이럭 클럽』, 『접골사의 딸』의 저자

"전 세계를 두루 누비며 자연에서 죽음의 역할을 살펴본 이 책은 끊임없이 흥미롭고 재미있게 읽힌다." ─《시애틀 타임스》

"매력적이고 깊이 있는 이 책은 여기에서 말하는 생명과 죽음에 관한 진실이 비단 과학적으로 유효할 뿐 아니라 개인적으로도, 영적으로도 유효하다고 주장한다. 인간은 자연을 바라봄으로써 '개개인의 죽음을 초월할 수' 있으며, 우리가 지상에서 누리는 시간에 대해서 좀 더 심오한 의미를 찾을 수 있다." ─《퍼블리셔스 위클리》

"하인리히는 자신의 자연탐사 경험을 촘촘한 내러티브로 다듬어낼 줄 아는 솜씨 좋은 이야기꾼이다. 자연과학을 가장 매혹적인 형태로 독자들에게 선사한다!" ─《커커스 리뷰》

서문

죽음의 비밀을 알고 싶다면 삶의 한가운데에서 찾아보라.
- 칼릴 지브란, 『예언자』

……세상은 사랑하기에 알맞은 곳,
더 나은 곳이 있는지 나는 알지 못한다.
- 로버트 프로스트, 「자작나무」

안녕, 베른트.

난 얼마 전에 심각한 병을 진단받았어. 그래서 내 바람보다 더 일찍
죽을 경우에 대비해서 장례 절차를 정해놓으려고 해. 내가 원하는 건
자연장이야. (사실 장례라고도 할 수 없지만.) 요즘에 사람들이 하는 장례
식은 죽음에 대한 그릇된 접근법이라고 생각하기 때문이야.

좋은 생태학자라면 다 그렇겠지만, 나는 죽음이 다른 종류의 생명
으로 바뀌는 과정이라고 생각해. 죽음은 무엇보다 재생에 대한 야생
의 찬양이지. 우리 몸으로 파티를 여는 거야. 야생에서 동물은 죽은 장
소에 그대로 누운 채 청소동물의 재순환 작업에 몸을 맡기지. 그 결과,

동물의 고도로 농축된 영양분이 파리, 딱정벌레 등등의 대이동을 통해 사방으로 퍼진다고. 그에 비해서 매장은 시체를 구멍에 넣고 밀봉하는 것이나 다름없어. 인간 육체의 영양분을 자연계로부터 박탈하는 것은, 인구가 65억 명이나 된다는 사실을 감안할 때 지구를 굶기는 일이잖아. 관에 넣어서 매장하면, 즉 시체를 감금해버리면 그런 결과가 생긴다고. 화장도 답이 아니야. 온실 기체가 누적될 테니까. 3시간 동안 시체를 태우는 데 드는 연료를 고려해도 그렇고 말이지. 아무튼 내 말의 요지는, 사유지에 묻히는 게 한 대안이라는 거야. 내가 무슨 말을 하려는지 짐작하겠지……. 자네는 오랜 친구를 캠프의 영구 거주자로 받아들이는 걸 어떻게 생각해? 나는 현재로서는 상태가 좋아. 평생 이렇게 좋았던 적이 없을 정도야. 하지만 늘 세상일이란 나중에 생각하면 늦는 법이니까.

친구이자 동료가 보낸 이 편지 때문에 나는 오랫동안 매혹적이라고 생각했던 주제에 한 발 더 다가가게 되었다. 생명과 죽음의 그물망, 그리고 우리와 그 그물망의 관계라는 주제에. 또한 이 편지 때문에, 인간이 지구적 차원에서든 지역적 차원에서든 자연의 계획에서 맡는 역할에 대해서도 생각하게 되었다. 친구가 편지에서 말한 '캠프'는 내가 메인 주 서부 산속에 소유한 삼림지다. 친구는 몇 년 전 내 연구에 대한 기사를 쓰려고 그곳에 왔다. 당시에 나는 거기서 주로 곤충을 연구하고 있었다. 그중에서도 특히 호박벌에 집중했지만 애벌레, 나방, 나비도 연구했고, 최근 30년은 큰까마귀도 연구했다. 친구는 '북방 독수리'라고도 불리는 큰까마귀에 대한 연구 때문에 나에 관한 글을 쓸 마음이 들었던 것 같다. 내 캠프 근처의 큰까마귀들은 나와 친구들과 동료들이 녀석들에게 제공한 동물 사체 수백 구를 먹어 치우며 재순환시켰다.

친구도 잘 아는 바대로, 우리 둘은 우리의 유해가 '날개를 타고' 생명을 이어가리라는 시각을 공유한다. 우리는 죽은 뒤에 큰까마귀나 독수리처럼 자연의 장의사 중에서도 유달리 카리스마 있는 새들의 날개를 타고 하늘을 날게 될 상상을 즐긴다. 새들이 해체하고 퍼뜨린 동물 사체는 생태계 곳곳에서 여러 다른 멋진 생명으로 재구성된다. 자연의 이런 물리적 현실은 우리 둘에게 낭만적 이상으로 느껴질 뿐 아니라, 우리가 개인적으로 소중하게 여기는 장소와 진정한 관계를 맺는 일로도 느껴진다. 생태학적으로 보자면 이런 전망에는 식물도 포함된다. 따라서 인간이 자연에서 맡는 역할은 그만큼 더 지구적이다.

생태학/생물학은 우리를 생명의 그물망과 이어준다. 우리는 말 그대로 창조의 일부이지, 뒤늦게 추가된 존재가 아니다. 이런 깨달음은 모세에게 주어졌던 십계명 못지않게 강력하다. 성경을 문자 그대로 이해하자면, "티끌로 된 몸은 땅에서 왔으니 땅으로 돌아가고, 숨은 하느님께 받은 것이니 하느님께로 돌아갈 것"이다(전도서 12:7). "너는 흙에서 난 몸이니 흙으로 돌아가기까지 이마에 땀을 흘려야 낟알을 얻어먹을 것이고, 너는 먼지이니 먼지로 돌아가리라"고도 했다(창세기 3:19).

그러나 사실 고대 히브리인은 생태주의자가 아니었다. 설령 창세기와 전도서의 유명한 구절이 과학적으로 정확히 진술되었더라도, 이후 2,000년 동안 사람들은 그 뜻을 이해하지 못했다. 그런 개념을 받아들일 준비가 된 사람은 한 명도 없었다. 성경의 '먼지'는 물질, 토양, 흙의 은유였다. 그러나 사람들의 마음에서 '먼지'는 그저 먼지일 뿐이다. 인간은 그저 먼지에서 왔고 먼지로 돌아간다고 이해할 뿐이다. 초기 기독교인이 인간의 물리적 존재를 비하하고 그로부터 분리되기를 추구했던 것도 무리가 아니다.

그러나 사실 우리는 먼지에서 오지 않았고, 먼지로 돌아가지도 않는다. 우리는 생명에서 왔고, 우리 자신이 곧 다른 생명으로 통하는 통로이다. 우리는 비할 데 없이 멋진 식물과 동물에서 왔고, 나중에 그것으로 돌아간다. 우리가 살아 있는 동안에도 우리가 내놓는 쓰레기는 딱정벌레와 풀과 나무로 재순환되고, 그것이 또 벌과 나비로, 딱새와 되새와 매로 재순환되었다가, 다시 풀로 돌아오고, 이윽고 사슴과 소와 염소와 인간으로 되돌아온다.

이 책에서 나는 모든 생물이 다른 생명으로 부활하도록 돕는 전문적 장의사들의 역할이 얼마나 중요한지 살펴볼 것이다. 이 주제를 내가 처음 꺼내는 것이라고 주장할 마음은 없다. 그러나 많은 독자가 나와 함께 기꺼이 이 주제를 공개적으로 논의하고 터부를 점검하여 우리 종에게 유효한 문제로서 살펴볼 의향이 있으리라고 믿는다. 우리 호미니드가 대형 초식동물에서 사냥하고 청소하는 육식동물로 진화하면서 수행한 역할은 이 주제와 각별한 관계가 있다('호미니드'는

생명에서 생명으로

사람과에 속하는 모든 종을 아우르는 용어이지만, 저자는 이 책에서 다른 영장류를 제외하고 사람속에 속한 종들만 아우른 '호미닌'에 가까운 표현으로 주로 쓰고 있다 - 옮긴이). 우리의 자취가 세상을 바꿨기 때문이다.

생명은 다른 생명에서 오고 개체의 죽음은 생명을 이어가는 데 필요하다는 말은 자명한 진술이지만, 한편으로는 그런 전환이 실제로 이뤄지는 방식을 보지 못하도록 가리거나 시선을 흩뜨리는 역할도 한다. 흔히 말하듯이 세부가 중요한 법인데 말이다.

재순환은 큰 동물이 대상인 경우에 우리 눈에 가장 잘 띄지만─또한 가장 극적이고 장관이겠지만─사실은 식물에게서 훨씬 더 많이 벌어진다. 식물의 형태로 존재하는 생물량이 가장 많기 때문이다. 식물은 흙과 공기에서 화학물질의 형태로 영양분을 취하지만─모든 생물은 탄소와 탄소가 결합한 화학물질을 재료로 만들어졌고, 탄소는 나중에 분해되어 이산화탄소로 배출된다─그럼에도 불구하고 식물 역시 다른 생명을 '먹고산다'고 말할 수 있다. 식물이 공기에서 받아들여 제 몸을 구성하는 데 쓰는 이산화탄소는 세균과 균류의 작용을 통해 만들어졌으며, 과거와 현재의 모든 생명이라는 거대한 집합체가 막대한 규모로 흡수하여 그동안 보관해왔다. 데이지꽃이나 나무의 기본 구성 단위인 탄소는 여러 곳에서 공급된다. 일주일 전에 아프리카에서 죽어 썩어가는 코끼리로부터, 지금은 멸종한 석탄기의 소철(蘇鐵)로부터, 한 달 전에 흙으로 돌아간 북극 양귀비로부터. 바로 어제 공중으로 배출된 분자라도, 분자 자체는 수백만 년 전에 살았던 동식물에게서 왔다. 모든 생명은 세포 차원의 물리적 교환을 통해 하나로 이어져 있다. 그런 교환의 결과로 오늘날 우리가 아는 대기가 생겨났으며, 요즘도 기후는 그 영향을 받는다.

이산화탄소는 물론이거니와 산소, 질소, 그 밖에 생명을 구성하는 모든 분자는 온 지구를 아우르며 매일 자유롭게 교환된다. 한 생명에서 모든 생명으로, 모든 생명에서 한 생명으로. 무역풍, 허리케인, 산들바람에 실려서 대기를 떠돌고 뒤섞이면서. 오래전에 토양에 포획되었던 분자가 긴 시간을 거치면서 한 지역의 생물 공동체에서 교환될 수도 있다. 식물은 가령 지네, 멋진 나방과 나비, 새와 생쥐, 인간을 포함한 많은 포유류에서 나온 분자들로 만들어진다. 식물의 탄소 '섭취'는 다른 생물들이 어떤 생물을 분자 단위로 분해한 뒤에 진행되는 미시적 차원의 청소 행위라 볼 수도 있다. 식물이 그 과정에서 사용하는 기법은 가령 큰까마귀가 사슴이나 연어를 먹는 과정과는 좀 다르다. 후자의 경우에는 동물의 살점이 완전히 분해되지 않은 큼직한 질소 덩어리 형태로 숲에 여기저기 흩어진다. 어쨌든 개념만큼은 두 과정이 다르지 않다.

DNA는 좀 다르다. 주로 탄소와 질소로 구성된다는 점은 같아도, DNA는 정교하게 조직된 상태를 그대로 유지한 채 생명의 여명기부터 작동한 훌륭한 복사 메커니즘을 통해서 한 개체에서 다른 개체로 직접 전달된다. 생물체는 특정 DNA 분자를 물려받고, 그것을 다시 복사해서 다른 개체에 전수한다. DNA가 보존되며 유전되는 과정은 수십억 년 동안 면면히 이어졌다. 그 과정에서 하나의 계통이 혁신을 통해 여러 갈래로 갈라졌고, 그리하여 오늘날의 나무, 극락조, 코끼

생명에서 생명으로

리, 생쥐 그리고 인간을 낳았다.

우리는 생명의 재료를 재분배하는 중요한 일을 담당하는 동물들을 가리켜 청소동물이라고 부른다. 그들이 자연의 장의사로서 제공하는 긴요한 '서비스'에 감탄하고 감사한다. 생명의 연결 고리인 그들 덕분에 자연의 여러 계들이 매끄럽게 굴러간다고 생각한다. 그런데 우리는 그런 청소동물을 포식자와 구별하는 경향이 있다. 포식 동물도 같은 서비스를 제공하지만, 그 방법은 다른 동물을 죽이는 것이며, 우리는 그 행위를 파괴와 연결짓는다. 그러나 내가 자연의 장의사들에 대해서 생각하다 보니, 포식자와 청소동물의 구별이 점차 흐려졌다. 결국 내 머릿속에서 그런 구분은 거의 임의적인 것이 되어버렸다. '순수한' 청소동물은 오로지 죽은 생물만 먹고살고, '순수한' 포식자는 오로지 스스로 죽인 생물만 먹고산다. 그러나 엄격하게 이쪽 아니면 저쪽에만 해당하는 동물은 몹시 드물다. 큰까마귀와 까치가 겨울에는 순수한 청소동물일 수 있겠지만 가을에는 나무딸기를 따 먹는 초식동물이고, 여름에는 곤충이나 생쥐나 그 밖에 직접 죽일 수 있는 먹잇감이라면 뭐든 잡아먹는 포식자다. 물론 독특한 능력을 지닌 몇몇 전문가는 대부분 한 가지 방법으로만 먹이를 얻는다. 북극곰은 보통 얼음에 뚫린 숨구멍으로 올라온 바다표범을 잡아먹는다. 그러나 이따금 죽은 바다표범을 발견해서 먹기도 한다. 갈색곰은 직접 사냥한 카리부뿐 아니라 죽은 카리부도 맛있게 먹지만, 여느 때는 식물을 뜯어 먹는다. 송골매는 날렵한 비행사로서 하늘을 나는 먹잇감을 잡아먹지만, 독수리는 기본적으로 다치지 않은 산 새를 잡을 줄 모르기 때문에 이미 죽은 큼직한 먹이에 의존한다. 독수리, 큰까마귀, 사자, 그 밖에도 우리가 전형적인 '포식자'라고 고정관념을 품은 동물들 중 거의 전부가 병에 걸렸거나 반쯤 죽었거나 이미 죽은 (갓 죽었다면 더 좋겠지만) 먹잇감도 기꺼이 취한다. 꼭 필요한 때가 아니라면 다른 동물과 목숨을 건 싸움을 벌이지 않으려고 한다. 초식동물도 마찬가지다. 초식동물은 스스로를 방어할 능력이 가장 떨어지는 생물을 잡아먹는다. 사슴과 다람쥐는 여느 때는 클로버나 견과류를 먹지만, 둥지에 든 새끼 새를 발견하면 그 또한 기쁘게 먹어 치운다. 엄밀히 따지자면 초식동물이 제일 많은 생명을 해치우는 셈이다. 코끼리는 매일같이 덤불을 산더미처럼 해치우지만 비단뱀은 1년에 혹멧돼지 한 마리만 먹고도 살 수 있다.

생명의 재순환이 미치는 파문은 세상에 존재하는 종의 숫자만큼이나 다양하다. 나는 이 책에서 폭넓은 시각을 보여주고자 한다. 또한 메인의 캠프에서 아프리카 초원까지 오만 곳을 다니면서 겪은 경험에서 건진 사례들을 소개하고자 한다.

차례

제1부

~~~~~~

작고 큰 것

크기는 생물체가 살아가는 방식과 생물체가 취할 수 있는 형태에 중요하게 작용하는 요소이다. 크기는 중력을 이기는 데 필요한 신체 지지 구조의 종류와 비례를 결정짓는다. 생물체의 크기는 기체와 영양소의 확산 속도를 결정짓고, 그 속도가 최대 대사율, 필요한 먹이의 양, 은신처로 이용할 공간의 종류, 필요한 방어의 종류를 결정짓는다. 크기는 사체가 처분되는 방식, 처분자의 종류, 처분자의 활동 방식에도 중요하다. 우리가 '장례'라고 하면 곧바로 떠올리는 매장은 자연에서는 사체 처분 방식으로 거의 쓰이지 않는다. 쓰이더라도 사체를 처리하려는 목적이기보다는 다른 용도로 쓰기 위한 보관이 목적이다.

1

생쥐를 묻는 송장벌레

가끔 달리는 차에서 꽃을 본다.
무슨 꽃인지 알기도 전에 꽃은 지나간다.
— 로버트 프로스트, 「흘끗 보다」

고양이는 나뭇잎이나 풀잎을 긁어모아서 죽은 먹이를 덮어 숨기곤
한다. 어떤 말벌은 기절했지만 아직 살아 있는 곤충을 미리 지어둔 집
으로 끌고 간다. 말벌 유충이 신선한 고기를 안전하게 먹을 수 있도
록 하는 것이다. 그러나 내가 알기로 동물 사체를 매번 적당한 장소로
옮겨서 일부러 땅에 묻는 동물은 한 종류뿐이다. 송장벌레과(科) 니
크로포루스속(屬) 딱정벌레이다. 우리 인간은 같은 종의 다른 개체나
거의 인간과 다름없는 애완동물의 주검을 묻는 데 비해, 이 딱정벌레
는 무척 다양한 종류의 새와 포유류를 묻지만 자신과 같은 종의 개체
는 묻지 않는다. 이들은 유충의 먹이 공급원으로 쓰기 위해 죽은 동

물을 묻는다. 매장은 이들의 짝짓기 및 번식 전략에서 핵심적인 역할을 한다.

이름은 많은 것을 알려주는 법이지만 때로는 오해도 낳는다. 니크로포루스라는 속명은 그리스어로 '죽은'을 뜻하는 '네크로스'와 '사랑'을 뜻하는 '필로스' 혹은 '필리아'에서 왔다. ('네크로'가 아니라 '니크로'가 된 것은 처음에 종을 명명했던 사람이 철자를 잘못 쓴 탓일 것이다. 과학계의 관행상 무조건 첫 이름에 우선권이 있다.) 그러나 '죽음을 사랑한다'는 말은 딱 정확하다고는 할 수 없다. 오히려 이 딱정벌레가 '삶을 사랑한다'는 뜻에서 '비비포루스'라고 불리면 더 적절했을지도 모른다. 이들이 죽은 동물을 찾아다니는 까닭은 그저 이미 죽은 생명으로부터 새 생명을 만들어내기 위함이니까. 가령 생쥐의 송장이라면, 새로 태어난 십여 마리의 딱정벌레를 먹일 수 있을 것이다.

송장벌레는 생쥐 묻기의 달인이다. 송장벌레는 놀랍도록 아름답다. 새까만 등에는 선명하고 밝은 오렌지색 무늬가 나 있다. 송장벌레의 흥미로운 생애 주기는 암수가 일부일처 관계를 맺고 새끼를 오랫동안 돌보는 과정으로 이루어진다. 송장벌레는 워낙에 흔하고 널리 분포해 있기 때문에 북방 온대 지역에 사는 사람이면 거의 누구나 마음만 먹으면 늦여름에 녀석들을 볼 수 있다. 나는 여름마다 송장벌레를 만난다. 그건 내가 녀석들에게 죽은 생쥐나 차에 치인 새를 선물하기 때문이다.

니크로포루스 송장벌레(전 세계에서 68종이 알려져 있고 내가 사는 북아메리카 북동부에는 10종이 산다)의 낭만적인 연애기는 암수가 동물 사체에서 처음 만나 인연을 맺는 데서 시작된다. 생쥐나 다른 적당한 사체를 발견한 수컷은 물구나무를 서다시피 한 자세로 사체에 기댄 뒤 꽁무니 분비샘에서 냄새 물질을 뿜는다. 이 '호출용' 냄새는 바람을 타고 멀리 퍼진다. 냄새를 감지한 암컷은 바람을 거슬러 날아와서 수컷과 사체를 만나고, 암수는 짝짓기를 한다. (반면에 어쩌다 수컷이 꼬이면, 죽은 생쥐의 원래 임자는 상대를 공격해 쫓아내려고 한다.) 그러고는 암수가 서로 도와 생쥐를 묻는다. 다른 녀석들이 나타나서 차지하려들면 곤란하다는 점도 생쥐를 묻는 이유이다. 그런데 생쥐를 묻으려면 무덤을 파기에 적합한 땅까지 사체를 운반해야 하는 경우가 많다.

송장벌레에게는 뭔가를 움켜쥘 수 있는 발이 없으므로, 암수는 사체 밑으로 기어들어가서 등을 땅에 대고 발을 하늘로 치켜든 뒤 땅이 아닌 사체를 '걷는' 방식으로 사체를 옮긴다. 송장벌레들이 등을 땅에 단단히 붙인 상태에서 생쥐를 일부만이라도 들어올릴 수 있다면, 생쥐는 앞으로 나아가게 되어 있다. 문제는 벌레들이 원하는 방향으로 옮겨야 한다는 점인데, 벌레들은 실제로 한 방향을 골라 그쪽만 고수한다. 벌레들이 자신이 가는 방향을 '아는' 것처럼 보인다는 점이 참신기하다. 암수가 생쥐를 서로 다른 방향으로 옮기려들면 이동 효과가 전혀 없을 텐데, 두 벌레는 그러지 않고 한 방향으로만 작업한다.

두 송장벌레는 선택한 장소로 생쥐를 옮긴 뒤, 사체 밑에서 흙을 옆으로 밀어내는 방식으로 땅을 판다. 구덩이가 차츰 깊어지고, 이제 차츰 말랑해지고 있는 생쥐의 (혹은 다른 작은 동물의) 주검이 안쪽으로 접히면서 서서히 흙에 파묻힌다. 송장벌레들은 일단 10여 센티미터 깊이로 사체를 묻은 뒤, 동그란 공처럼 말면서 털(혹은 깃털)을 제거한다. 그리고 항문에서 분비되는 항생물질을 사체에 뿌린다. 세균과 곰팡이를 죽여 귀한 식량이 상하는 걸 막는 것이다. 그 후 암컷은 근처 흙 속에 알을 낳는다. 며칠이 지나면 유충들이 알을 깨고 나온다. 유충들은 사체로 기어 와서, 윗면의 움푹 파인 지점에 자리 잡는다. 유충들이 직접 생쥐의 피부를 뚫어서 부드러워진 살점을 먹을 수 있을 때까지는 부모가 둘 다 소화한 사체를 게워내어 유충들에게 먹인다.

만성형 조류(헐벗고 무력한 상태로 부화하는 새)의 부모 새처럼, 부모 송장벌레는 찍찍거리는 소리를 내어 새끼들에게 먹이 줄 준비가 되었노라고 알린다. 그러면 송장벌레 굼벵이들 역시 새끼 새들처럼 몸을 일으켜서 부모의 입에서 제 입으로 곧장 받아먹는다. 굼벵이들이 더 자라서 직접 먹을 줄 알게 되더라도, 부모가 식사를 알리는 소리를 내면 여전히 다들 모여서 입으로 받아먹는다. 며칠이 지나고 나면 아비는 보통 땅 위로 나가서 다른 사체를 찾아 또 다른 가족을 일군다. 어미는 새끼들 곁에 좀 더 오래 머무는 편이다.

일주일에서 열흘쯤 지나면, 다 자란 굼벵이들은 주변의 흙으로 파고들어 번데기가 된다. 북쪽 지방에서 서식하는 종은 대부분 그 자리에서 그대로 동면했다가 이듬해 봄이나 여름에 성체가 되어 밖으로 나온다. 계절적 시기는 종마다 조금씩 다를 수 있다.

니크로포루스 송장벌레의 생애 주기는 지금까지 한 세기가 넘도록

제1부. 작고 큰 것

깊고 세밀하게 연구되었다. 그런데도 놀라운 사실이 많다. 최근의 연구들은 주로 호르몬의 생애 주기 조절 방식이나 여러 송장벌레 종의 차이점에 집중했다. 이를테면 어떤 종은 동물 사체가 아니라 뱀 알을 묻는다. 송장벌레의 행동 패턴은 내가 작성한 일지에서 인용한 다음 글을 보면 알 수 있다.

> 2009년 8월 11일. 오후 5시. 오늘 아침에 내놓았던 갓 죽은 생쥐[흰발생쥐, 즉 페로미스쿠스 레우코푸스]가 보이지 않는다. 니크로포루스 송장벌레가 거의 다 묻었다. 내가 사체를 땅에서 꺼냈을 때 딱정벌레는 그 녀석 한 마리뿐이었다.
>
> 2009년 8월 12일. 오후 3시에 확인하니 생쥐가 도로 땅에 묻혀 있었다. 예상대로 이제 벌레 한 쌍이 붙어 있다.

그해에 나는 8월 27일에 캠프로 돌아왔고, 열흘 뒤 땅에 묻힌 생쥐를 파냈다. 생쥐는 머리뼈와 털 뭉치만 남아 있었고, 니크로포루스 송장벌레 굼벵이 15~20마리가 촘촘하게 바싹 붙어 세로로 선 채 마지막으로 남은 것을 먹고 있었다. 파리 구더기는 없었다.

열흘 전에 캠프에 들렀을 때, 나는 생쥐를 더 잡으려고 오두막 안에 덫을 여러 개 설치해두었다. 그래서 이제 말랑하고 악취 나는 단계부터 건조하고 역시 악취 나는 단계까지 다양한 부패 단계에 접어든 죽은 생쥐 다섯 마리가 더 있었다. 송장벌레를 위해 밖으로 내놓기 전에 나는 모든 생쥐에게 흰 실을 묶되, 실 끝에 생쥐마다 다른 개수로 매듭을 지었다. 생쥐들이 땅에 묻힌 뒤에도 구별하기 위해서였다. 생쥐들을 내놓은 지 불과 몇 분 후 첫 송장벌레들이 나타났다. 녀석들은 냄새를 맡고서 그 진원지로 쌩 날아왔고, 몇 초 뒤 땅에 톡 내려앉고는 더듬이를 흔들면서 곧장 생쥐를 향해 기어왔다.

한 생쥐에게는 두 시간 만에 송장벌레 일곱 마리가 붙었다. 벌레들은 생쥐 위로 밑으로 부산히 기어다니면서 찍찍거렸다. 나는 생쥐 하나에 벌레가 그렇게 많이 붙은 걸 보고 놀랐다. 이 생쥐는 반쯤 말랐기 때문에 유충의 집으로는 쓸 수 없을 것이므로, 암수 한 쌍이 사체를 독차지하려고 강하게 방어할 일은 없을 것이었다. 나는 벌레들이 내는 소리에도 놀랐다. 딱정벌레에게는 귀가 없기 때문이다. 그 소리는 녀석들이 몸을 비빌 때 나는 소리였다. 반들거리는 금파리도 날아왔다. 파리들은 알을 깔 태세를 갖추었다. 몇 시간 만에 그 알에서 굶주린 구더기가 깨어날 것이었다. 이따금 파리를 사냥하는 흰얼굴말벌도 날아와서 땅에 근접해 낮게 맴돌면서 간간이 파리들을 덮쳤다. 그러나 보통은 말벌이 도착하자마자 사냥감이 된 파리들은 얼른 자리를 떴다.

송장벌레들은 다른 두 생쥐 사체에서도 만나 짝을 지었고, 두 시간 만에 흙을 파고 구덩이로 생쥐를 떨어뜨려 묻었다. 그리하여 녀석들이 발견한 횡재는 큰까마귀, 금파리 구더기, 다른 딱정벌레들 같은 경쟁자의 손에서 벗어났다. 송장벌레들은 기생충에 감염되기라도 한 양 온몸에 진드기가 붙어 있었다. 사실 그 진드기는 송장벌레의 아군이다. 진드기는 생쥐가 땅에 묻히기 전에 얼른 사체로 자리를 옮겨서

제1부. 작고 큰 것

금파리 알을 죽이거나 먹어버린다.

이듬해 여름에 나는 장의사들을 다시 관찰하려고 갓 죽은 블라리나 브레비카우다, 즉 짧은꼬리땃쥐를 내놓아 보았다. 짧은꼬리땃쥐는 포유류로서는 드물게 독이 있고 불쾌한 냄새를 풍기기 때문에 녀석을 죽인 포식자조차 안 먹고 내버리곤 한다. 집고양이가 이 땃쥐를 집 안으로 물어 오는 경우가 있는데, 사람들은 짧은 회색 털과 뾰죽한 코를 보고서 두더지라고 생각하기 쉽다. 그러나 땃쥐는 두더지와는 달리 앞발이 삽처럼 생기지 않았다. 땃쥐는 북부 삼림에서 가장 흔한 동물 중 하나이지만, 이 종은 다른 땃쥐와는 달리 땅속에 살기 때문에 눈에 잘 띄지 않는다.

2010년 8월 5일이었다. 나는 짧은꼬리땃쥐를 전날 밤에 캠프로 가져와서 깨끗한 스파게티 소스 병에 넣고, 병을 문 밖 바닥에 옆으로 쓰러뜨려 두었다. 다음 날 아침 6시에 커피와 토스트로 아침을 때웠다. 그리고 송장벌레를 한참 동안 관찰할 차비를 갖추고서 어떻게 되었나 보러 나갔다. 송장벌레 네 마리가 와 있었다. 까만 바탕에 오렌지색 줄무늬가 선명한 송장벌레들의 근사한 복장이 땃쥐의 진회색 털에 대비되어 보기가 좋았다. 전부 가슴에 짧고 노란 솜털이 난 니크로포루스 토멘토수스 종이었다. 벌레들은 벌써 땃쥐를 병에서 꺼냈다. 그중 한 쌍은 땃쥐 밑으로 들어가서 병 아가리 너머로 좀 더 끌어내고 있었다. 몸집이 훨씬 작은 다른 두 마리는 10센티미터쯤 떨어져 있었는데, 일부러 병 뚜껑 밑에 몸을 숨기고 있는 것 같았다. 덩치 큰 두 마리가 착실히 땃쥐를 옮기는 동안에 작은 두 마리는 계속 그 자리에 머물렀다.

　오두막 문 앞 땅바닥은 단단하다. 송장벌레가 포획물을 묻기에 적합한 장소가 못 된다. 두 송장벌레는 각자 사방으로 정찰을 나갔다. 멀리 60센티미터까지 날아갈 때도 있었다. 땃쥐를 묻기에 적합한 장소를 찾아보는 것 같았다. 그러고는 도로 땃쥐로 돌아왔다가, 다시 다른 방향으로 날아갔다. 송장벌레는 어떻게 매번 땃쥐로 돌아올까? 갔던 길을 기억하나? 나는 답을 알아보기 위해서 벌레를 훼방했다. 벌레 앞을 숟가락으로 가려서 벌레가 그 위에 앉도록 유도한 뒤, 사체로부터 60센티미터 떨어진 곳으로 데려가서 놓아주었다. 벌레는 별로 헤매지도 않고 땃쥐로 곧장 기어 돌아갔다. 주변 지형을 외운 걸까? 나는 땃쥐로부터 북쪽으로 60센티미터 떨어진 지점을 탐색하던 벌레를 중간에 붙잡아, 남쪽으로 1.5미터 떨어진 곳에서 풀어주었다. 만일 벌레가 갔던 길을 기억해서 방향을 찾는 것이라면, 이제 땃쥐로부터 멀어지는 방향으로 가야 했다. 벌레는 잠시 그 자리에 가만히 있다가, 훌쩍 날아올라 정확히 사체로 돌아갔다. 나는 다시 둘 중 한 마리를 들어서 사체로부터 1.5미터 떨어진 지점에 가져다두었다. 벌레는 이번에도 몸치장을 한 뒤 정확히 사체로 날아 돌아갔다. 또다시 사체로부터 1미터 떨어진 지점에 한 마리를 가져다두었다. 그랬더니 한동안 방향을 탐색하듯 작게 원을 그리며 맴돌더니 정확히 땃쥐를 향해 기어갔다.

　송장벌레는 내가 생각했던 것보다 똑똑한 것 같았다. 실험을 좀 더 해보고 싶었다. 송장벌레의 귀소 능력은 여전히 나에게 수수께끼였다. 그러나 나는 송장벌레가 죽은 동물을 처리하는 방식에 주로 관심을 두고 있었기 때문에, 벌레의 앞길을 훼방하는 실험은 이쯤에서 그만두었다.

그러는 동안 병 뚜껑 밑에 숨어 있던 작은 벌레 중 한 마리가 밖으로 나와서 사체로 다가왔다. 덩치 큰 한 쌍에게서 땃쥐를 빼앗으려는 걸까? 아니었다. 녀석의 의도는 명백했다. 녀석은 (그는!) 땃쥐에게 도착하자마자 송장벌레 한 쌍 중 덩치가 더 큰 암컷의 등에 폴짝 올라탄 뒤 교미를 했다. 교미는 몇 초밖에 걸리지 않았고, 작은 수컷은 얼른 자리를 떠나서 도로 숨었다. 이번에는 30센티미터쯤 떨어진 곳에 있는 나무껍질 밑에 숨었다. 이곳에서 내 예상보다 훨씬 많은 일이 벌어지는 게 분명했다. 나는 계속 관찰했다.

오전 7시 15분, 또 다른 니크로포루스 송장벌레가 날아왔다. 녀석은 족히 1분쯤 공중에서 맴돌다가 마침내 땃쥐 사체로 내려앉았다. 그러고는 거의 즉시 사체에 있던 암컷과 교미했다. 이후 또 다른 녀석이 날아왔고, 역시 똑같은 짓을 했다. 그러나 이처럼 여러 수컷에게 한껏 관심을 받는 암컷은 그동안에도 전혀 멈추지 않고 땃쥐 주변을 기어다녔다. 땃쥐를 타고 넘거나 아래로 파고들면서 어떻게든 땅에 묻어보려고 애썼다. 나는 사체에 있던 한 쌍이 응당 침입자들을 물리치려고 싸울 것이라 생각했지만, 싸움은 보지 못했다. 이때쯤 땃쥐는 병에서 겨우 30센티미터 옮겨진 상태였다. 그래도 아직 단단한 땅 위에 있었고, 근처에는 부드러운 흙이 없었다.

두 번째로 날아든 수컷이 몇 초 만에 교미를 마쳤을 때 나는 녀석을 숟가락으로 잡아서 (손으로 직접 잡으면 놀랄 테니까) 땃쥐로부터 1.5미터 떨어진 곳에 떨궜다. 녀석이 땃쥐나 암컷에게 돌아올지 궁금했다. 녀석은 전혀 개의치 않는 듯했다. 내가 떨어뜨린 장소에 가만히 앉아서 강박적일 만큼 꼼꼼하게 몸을 청소했다. 다리로 배를 문지르고, 머리와 더듬이를 문지르고, 다리끼리 맞비볐다. 몸치장을 끝낸 벌레는 잠깐 주저하다가 날아올랐다. 녀석은 빙글빙글 날다가 땃쥐로부터 3미터 넘게 떨어진 체리나무 가지에 앉았다. 나는 그곳에 앉은 녀석의 모습을 사진으로 찍었다. 그제야 녀석의 온몸에 진드기가 붙어 있는 게 눈에 들어왔다. 녀석이 교미하는 동안에는 전혀 못 보았던 것이었다. 그때는 등판의 밝은 오렌지색 줄무늬가 선명하게 보였는데, 이제는 그 등판에 진드기가 잔뜩 붙어 있었다. 진드기가 오렌지색을 거의 다 가려서 분홍색을 띤 갈색으로 보일 지경이었다. 진드기가 송장벌레를 위장시킨 것 같았다. 하지만 벌레가 날아오르기 **직전에는** 진드기가 어디 있었단 말인가?

진드기에게 송장벌레는 신선한 파리 알을 찾기 위해서 히치하이킹한 운송 수단일 뿐이다. 벌레가 사체를 발견하면, 진드기는 당장 사체로 건너가서 먹이를 찾는다. 그러다가 벌레가 떠날 때 도로 올라탈 것이다.

얼마 전에 나는 친구로부터 썩어가는 고기 캔에서 송장벌레 여러 마리를 본 이야기를 들었다. 친구가 나중에 다시 들여다보았더니, 송장벌레 중 두 마리는 이미 죽었고 두 마리는 반쯤 죽은 상태였다. 그런데 마치 죽어가는 벌레를 되살리려고 애쓰는 것처럼, 진드기들이 반쯤 죽은 벌레들 위를 부지런히 기어다녔다고 한다. 송장벌레 한 마리가 정말로 기운을 차리자, 진드기들은 즉시 벌레의 딱지날개(날개덮개) 밑으로 몽땅 기어들었다. 벌레가 떠날 참이라는 사실을 눈치챘을까? 영 터무니없는 생각은 아니다(물론 진드기들이 의식적으로 그 방법을 깨우쳤다는 뜻은 아니다). 딱정벌레는 날아오르기 전에 체온을 높이려고 몸을 떤다. 그 진동이나 체온 변화가 진드기들에게 신호가 되어, 다른 곳으로 안전하게 운반되기 위해서 얼른 벌레에게 가 붙을지도 모른다.

오전 8시쯤 또 다른 송장벌레가 날아왔다. 녀석도 다른 녀석들과 같은 의도를 품은 게 분명했다. 그 의도란 사체를 먹기 위함만은 아니었다. 급한 일부터 먼저. 녀석은 당장 교미에 나섰다. 8시 15분에 또 다른 녀석이 날아들었다. 한동안 땃쥐에는 벌레가 다섯 마리 붙어 있었다. 그중 세 마리는 결국 기어서 떠났고, 근처에 흩어진 검불 밑에 숨었다. 마침내 처음부터 있었던 한 쌍만 남았다. 내가 목격한 작은 사건들의 의미를 확실히 알 수는 없었지만, 송장벌레가 일부일처를 지킨다는 기존의 평판에 의혹을 품게 된 것만은 사실이었다.

송장벌레를 관찰하는 2시간 반 동안, 찍찍거리는 소리가 몇 번이나 들려왔다. 소리는 땃쥐 사체에서만 났다. 아마도 원래부터 있었던 한 쌍이 내는 것 같았다. 두 마리만 있을 때도 다른 녀석들이 합류했을 때 못지않게 소리가 크게 났기 때문이다. 그러니 찍찍거리는 소리는 두 마리가 대화하는 소리일 수도 있었다.

오전 내내 기온이 올랐다. 이윽고 녹색이나 청색을 띤 금파리가 날아들었다. 노예를 부리는 것으로 유명한 붉은 불개미도 몇 마리 나타났다. 그해 여름에 내 오두막 지붕에 집을 지은 개미들이었다. 송장벌레들은 이런 방문객들에게 관심을 쏟지 않았지만, 이제 녀석들이 땃쥐를 땅에 묻을 수 없으리란 사실이 분명해졌다. 적당히 부드러운 흙까지의 거리가 너무 멀어서 두 벌레가 그곳까지 사체를 옮길 수 없었다. 땃쥐는 파리나 개미의 차지가 될 것이었다. 아니면 어른 송장벌레의 먹이나 교미용 자원이 될 것이었다. 아무튼 송장벌레가 새끼를 낳고 키우는 공간 겸 자원이 되지는 못할 운명이었다.

나는 송장벌레들이 이후에도 하루 종일 땃쥐를 옮기려고 애쓰는 광경을 지켜보면서, 그곳에서 벌어지는 사건을 최대한 충실히 기록했다. 정오가 되어 그늘에도 온도가 30도까지 올랐을 때는 땃쥐에 송장벌레가—전부 N. 토멘토수스 종이었다—여덟 마리나 동시에 붙어 있었다. 그때까지 교미가 열네 번이나 더, 거의 연속적으로 벌어졌다. 싸움은 딱 두 번 벌어졌는데, 다 몇 초 만에 끝났다. 진짜 싸움이라고 할 수도 없었다. 원래의 한 쌍은 땃쥐를 1미터쯤 더 옮긴 뒤 끝내 포기했다. 땃쥐는 여전히 단단한 땅 위에 있었다. 금파리가 들끓었으나 알은 보이지 않았다. 큼직한 집파리 한 마리가 살아 있는 유충을 내려놓는 걸 보긴 했지만 구더기가 발생할 조짐은 없었다.

정오 무렵에 송장벌레들은 마침내 땃쥐의 배를 뚫고 구멍을 냈다. 땃쥐 거죽이 들썩거리는 것을 보니, 최소한 두 마리가 그 속으로 들어가서 살점을 먹거나 나올 길을 찾아 헤매는 모양이었다. 이후에는 땃쥐가 그 자리에서 한 발짝도 움직이지 않았다. 오후 3시에는 송장

제1부. 작고 큰 것

벌레가 한 마리도 남지 않았다. 그러나 그날 밤 8시 45분에 다시 확인했더니, 두 마리가 돌아와서 밑으로 기어 들어가 있었다.

이튿날 사체를 갈라보았다. 살점은 썩지 않은 듯했다. 전날 송장벌레 외에도 금파리를 수십 마리나 보았는데 구더기가 하나도 없었다. 나는 땃쥐를 부드러운 흙으로 옮겼다. 그날 하루 종일 사체에는 송장벌레 딱 두 마리만 붙어 있었다. 녀석들은 결국 땃쥐를 땅에 묻었다.

생쥐나 땃쥐는 송장벌레 장의사가 충분히 감당할 만한 크기이다. 그런데 훨씬 더 큰 동물, 특대 사이즈 '생쥐', 이를테면 막 차에 치여 죽은 회색큰다람쥐 사체라면 어떨까? 궁금했다. 나는 배를 가른 다람쥐 사체를 오두막 옆에 놓아두었다. 이후 2시간 동안 N. 토멘토수스 다섯 마리가 찾아왔다. 이튿날에는 동시에 최대 열여덟 마리가 붙어 있었고, 그중 한 마리에서 네 마리 정도는 '호출' 신호를 보냈다(뒷다리를 공중에 쳐들고 거꾸로 서서 짝을 부르는 냄새 물질을 꽁무니로 내뿜었다). 떠나는 녀석이 있는가 하면 새로 날아오는 녀석이 있었다. 하지만 짝이 맺어진 것 같진 않았다. 벌레들은 대부분 다람쥐의 살점을 먹었고, 그저 무작위로 숱하게 교미하는 듯했다.

다음 날에는 기온이 24도에서 13도로 떨어졌다. 파리는 몇 마리뿐이었다. 송장벌레도 모두 떠났다. 벌레들은 다람쥐 사체로부터 0.5~2미터 떨어진 곳까지 기어가서 나뭇잎이나 흙 속에 몸을 숨겼다. 큰까마귀 한 마리가 날아와서 아직 살점이 대체로 신선한 사체를 채어 갔다. 송장벌레들이 어떻게 할지 두고 보려던 내 실험은 종지부를 찍었다.

나는 좀 더 세부적인 그림을 알아보기 위해서 다람쥐 대신 수탉을 쓰기로 결심했다. 죽은 밴텀 닭을 깃털이 달린 채로 배가 아래를 향하도록 숲 속 바닥에 엎어두었다(배를 가르진 않았다). 기온은 30도 언저리였다. 다음 날 확인했더니, 녹색 금파리가 벌써 수백 마리 꼬여 있었다. 파리 구더기들은 닭 한 마리를 며칠 만에 몽땅 먹어 치울 수 있다. 닭의 깃털은 수천 개까지는 아니라도 수백 개는 되고도 남을 듯한 흰 파리 알로 덮여 있었다. 닭을 뒤집어보았다. 그 순간, 니크로포루스 송장벌레 십여 마리가 사방으로 흩어졌다. 닭 주변에 떨어진 마른 나뭇잎들이 샴페인을 딴 것처럼 쉭쉭 소리를 냈다. 송장벌레들이 나뭇잎으로 잽싸게 달려가서 그 밑에 숨은 것이었다. 나는 녀석들을 보고 깜짝 놀란 나머지 한 마리도 잡지 못했다.

가만 보니 여러 종의 니크로포루스가 있는 것 같았다. 종들의 색깔과 크기가 얼마나 다양한지 나는 알지 못했다. 모든 개체를 붙잡아 세밀히 검사하여 어떤 종이 있는지 알아볼까? 아니면 그냥 두고 볼까? 그러면 저희들끼리 다투다가 결국 종마다 한 쌍씩만 남을까? 아니면 종을 불문하고 모든 송장벌레가 어떻게든 '협력해서' 임박한 파리 떼의 습격을 물리칠까? 결국 나는 어떻게 되는지 좀 더 두고 보기로 했다.

이튿날, 죽은 닭에는 니크로포루스 송장벌레가 더 많이 꼬여 있었다. 기온이 줄곧 30도 수준이었는데도 이상하게시리 파리는 더 날아들지 않았다. 그보다 더 이상한 점은 파리들이 닭 깃털에 낳았던 알들이 죄다 쪼글쪼글해진 것이었다. 전부 죽은 것 같았다. 구더기는 한 마리도 없었다. 닭 거죽은 살균이라도 된 것처럼 깨끗해 보였다. 그것은 송장벌레 무리와 파리 떼가 벌인 싸움의 결과였다. 이번 싸움은 송장벌레들이 이긴 것이었다. 아마도 큼직한 사체에 송장벌레가 많이 모였던 탓에(20여 마리 정도였다), 평소 사체를 차지해 전부 또는 대부분을 먹어 치우던 구더기들과 경쟁하기가 좀 수월했던 모양이다. 그러나 송장벌레가 많다 보니 각각의 개체가 치르는 대가도 있었다. 한 사체에서 둘 이상의 쌍이 공동으로 번식할 때는 큰 개체들의 알은 빨리 발달하는 데 비해 작은 개체들의 알은 발달이 늦어진다. 나는 드라마가 펼쳐지도록 내버려둔 게 다행이다 싶었다. 덕분에 이렇게 분명하고 극적인 결과를 볼 수 있었으니까.

얼마나 많은 송장벌레 종이 사체를 이용하는지 알아보려면 모든 개체를 붙잡아야 했다. 나는 송장벌레 무리가 닭 밑에 다시 모이도록 두어 시간 내버려두었다. 그리고 돌아가서 닭 주변에 흩어진 검불을 정성스레 모두 치웠다. 벌레들이 도망칠 길을 막기 위해서였다. 나는 언제라도 벌레를 집어넣을 태세로 뚜껑을 연 병을 쥐고서 닭을 뒤집었다. 그러고는 그 밑을 파헤쳤다. 흙에 파고든 벌레는 알아보기 어려울 때가 많다. 죽은 동물을 묻는 송장벌레의 두 번째 방어책은 죽은 척하는 것이기 때문이다. 송장벌레는 꼭 죽은 표본처럼 죽 뻗은 다리로 몸을 감싸고 웅크린다. 그런 자세로 옆으로, 아니면 등을 대고 누우면, 검은 흙을 배경으로 몸통 아래쪽 검은 면만 보이고 등짝의 밝은 오렌지색은 안 보인다. 녀석들이 그런 회피술을 부렸어도, 나는 니크로포루스 송장벌레 39마리를 잡는 소득을 올렸다. 나중에 확인해보니 총 네 종이었다.

이후에도 닷새 동안 수탉 사체의 운명을 관찰했다. 송장벌레도 더 잡아 총 70마리를 모았다(N. 토멘토수스 58마리, N. 오르비콜리스 9마리, N. 데포디엔스 2마리, N. 사이 1마리). 개중 압도적으로 많은 N. 토멘토수스는 내가 같은 달에 내놓았던 생쥐, 땃쥐, 얼룩다람쥐 사체들에서 짝지은 쌍들을 목격했던 그 종이었다. 수탉은 결국 땅에 묻히지 않았다. 파리가 차지하지도 않았다. 구더기는 계속 없었다. 엿새째, 마침내 큰 동물이 사체를 물어 갔다. 아마도 스컹크나 너구리인 것 같았다.

내가 풀 수 없는 수수께끼는 그 밖에도 더 있었다. 그래서 관찰 결과가 더 재미있기도 했다. 그런데 늘 그렇듯, 관찰로 알게 된 사실 중 제일 놀라운 깨달음은 원래 알아보던 문제와는 전혀 무관했다. 이번에는 수탉 사체에서 붙잡은 송장벌레들을 다른 병으로 옮길 때 뭔가 이상한 점이 눈길을 끌었다.

앞에서 말했듯이 송장벌레가 사체에 붙어 있을 때 '포식자'가 나타나면, 송장벌레의 첫 탈출 전략은 얼른 달아나서 흙 속으로 파고드는 것이다. 그게 안 되면 죽은 척한다는 얘기도 했다. 하지만 내가 벌레를 집어든 경우라면, 녀석들은 재빨리 두 가지 방어책을 포기하고 대신 나를 물었다. 그런데 병에 갇혔을 때는 세 가지 선택지가 모두 불

제1부. 작고 큰 것

가능했으므로, 몇몇은 또 다른 전술을 시도했다. 날아서 도망치려는 것이었다. 나는 병에 든 송장벌레를 유심히 관찰하면서 검은 등짝의 밝은 오렌지색 무늬를 감상했다. 무늬가 아름다웠기 때문만은 아니었다. 무늬로 종을 알 수 있었기 때문이다. 그런데 그 순간 벌레가 날아올랐고, 그와 동시에 밝은 오렌지색과 검은색이 내 눈앞에서 순식간에 레몬색에 가까운 밝은 노란색으로 바뀌었다. 충격이었다. 어떻게 이럴 수 있지?

많은 현생 곤충과 마찬가지로, 송장벌레는 옛 선조 시절에는 날개가 두 쌍 있었지만 현재는 한 쌍밖에 없다. 애초에 있었던 다른 한 쌍은 두 부분으로 구성된 단단한 껍질로 변형되었다. 딱지날개 혹은 날개덮개라고 불리는 그 껍질은 벌레가 날 때는 쓸모없지만, 날지 않을 때는 날개를 덮어 보호하는 갑옷처럼 기능한다. 딱지날개는 무늬로 장식된 경우가 많다. 보통 딱정벌레의 막날개는 제 몸보다 두 배 이상 긴데, 사용하지 않을 때는 마치 잘 개켜서 서랍에 넣어둔 이불처럼 착 접혀서 딱지날개 밑에 보관된다. 한편 딱정벌레가 날 때는 딱지날개가 옆으로 가만히 벌어지거나 등판을 계속 덮고 있는 게 보통이다. 둘 중 어느 경우든 색깔 변화는 없다. 그러나 나는 **정말로** 극적인 색깔 변화를 목격했다. 아니, 내가 헛것을 본 건가?

송장벌레가 사체 근처에서 날 때는 오렌지색을 보지 못했다는 사실이 문득 떠올랐다. 그때는 노란색만 보였다. 당시에 나는 N. 토멘토수스의 가슴에 노란 솜털이 나 있으니까 그런 거라고 생각했는데, 이제 새삼스레 궁금해졌다. 벌레가 하도 잽싸고 어지럽게 비행하는 바람에 내가 오렌지색과 검은색을 간과했을까? 벌레를 다시 보았다. 여전히 노란색만 보였다. 혹 내가 못 본 것을 카메라는 볼 수도 있겠다 싶어, 벌레가 나는 모습을 연사로 찍어보았다. 흔들린 사진이나마 여러 장을 건졌는데, 그걸 보니 직감이 더욱 굳어졌다. 송장벌레가 날 때는 등이 분명 노랬다!

다음으로 나는 산 벌레와 죽은 벌레를 모두 검사해보았다. 벌레가 날 때처럼 딱지날개를 옆으로 벌려서 배 윗부분이 드러나게 했다. 검은색만 보였다. 그런데 산 벌레와 죽은 벌레의 딱지날개를 위로 들어 올렸더니, 딱지날개가 자연스럽게 회전하면서 겉면이 안쪽을 향해서 뒤집어지는 게 아닌가. 그 상태에서 딱지날개를 원래 자리로 움직여 보았더니, 딱지날개가 제자리에 딱 맞아들면서 배를 덮었다. 좀 전까지 겉면이었던 면이 이제 안면이 된 채로. 우리가 아는 한 다른 종류의 딱정벌레는 이런 경우가 없는데, 이 벌레의 딱지날개는 **겉면이 밑을 향하고 이전에 숨어 있던 안면이 위를 향한 상태로** 등을 덮는 것이었다. 그리고 이전에 숨어 있던 딱지날개 안면의 색깔은…… 레몬색에 가까운 노란색이었다! 송장벌레의 색깔 변화에 숨은 '비밀'은 벌레가 날 때 노란 **안면**이 드러난다는 사실이었다. 반면에 (내가 아는 한) 세상의 다른 모든 딱정벌레는 쉴 때든 날 때든 딱지날개 윗면이 계속 위를 향한다.

이런 순간적인 색깔 변화 메커니즘을 나보다 먼저 안 사람이 있었을지는 몰라도 최소한 과학 문헌에 묘사한 사람은 없었다. 그런데 그 의미는 뭘까? 어떤 쓸모가 있을까? 색깔 변화 메커니즘은 *N.* 토멘토수스 종에게만 있다. 덕분에 이 종의 밝은 오렌지색이 감춰지므로, 벌레가 날 때 호박벌이 나는 모습을 그럴싸하게 모방할 수 있다. 그렇다면 우리는 이 대목에서 흥미로운 기능을 짐작해볼 수 있다.

북아메리카에 서식하는 호박벌 약 46종은 대부분 검은 몸통에 노란 털이 나 있다. 개중 7종은 여러 빛깔의 오렌지색도 띤다. 그러나 그 오렌지색은 반드시 노란색과 맞닿아 있다. 송장벌레처럼 검은 줄무늬와 선명하게 대비되는 패턴은 아니다. 늦여름에 *N*. 토멘토수스가 날아다닐 때, 검은색과 노란색을 띠는 호박벌 일벌들도 최대 7종까지 무수히 날아다닌다(봄부스 아피니스, *B*. 바간스, *B*. 비마쿨라투스, *B*. 산데르소니, *B*. 임파티엔스, *B*. 페르플렉수스, *B*. 그리세오콜리스). 이 종들은 색깔 무늬가 다들 엇비슷해서 구별이 어렵다. 그리고 딱지날개를 뒤집을 줄 아는 *N*. 토멘토수스는 이런 호박벌 중 한 종이나 모든 종을 순식간에 그럴싸하게 흉내 낼 수 있는 셈이다. 호박벌에게 덤비는 새는 거의 없다. 그랬다가는 주둥이를 쏘일 테니까. 그러므로 *N*. 토멘토수스는 어스름 녘이나 야음을 틈타서 동물 사체 사냥에 나서야 하는 다른 송장벌레 종과는 달리 한낮에도 안심하고 날아다닐 수 있다.

송장벌레는 종을 불문하고 대부분 호박벌을 모방할 수 있을 것처럼 보인다. 일단 크기가 비슷해서, 송장벌레도 호박벌처럼 날 때 윙윙 소리를 내기 때문이다. 그러나 *N*. 토멘토수스는 가슴에 노란 솜털이 나고 딱지날개 안면이 노란색인 방향으로 진화함으로써(박물관의 표본은 색이 바랜다) 훨씬 훌륭하게 한 단계 더 발전했다. 나는 죽은 수탉에서 잡은 다른 송장벌레 세 종의 산 표본들도 딱지날개 안면을 뒤

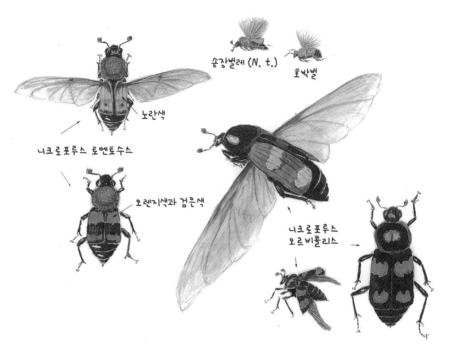

송장벌레 (N. t.)

호박벌

노란색

니크로포루스 토멘토수스

오렌지색과 검은색

니크로포루스 오르비콜리스

* (송장벌레 대 호박벌 그림을 제외하고는) 실제 크기와 다르다.

작은 동물 사체를 이용하는 흔한 송장벌레 두 종을 비교했다. 왼쪽은 니크로포루스 토멘토수스, 오른쪽은 니크로포루스 오르비콜리스가 날거나 내려앉은 모습이다. 두 종은 다른 딱정벌레들과는 달리 딱지날개(날개껍질)가 뒤집어진다. 그러면 안면이 겉으로 나와서 윗면의 밝은 색이 감춰지므로, 흔한 노란색 호박벌을 흉내 낼 수 있다.

집어 색깔을 확인해보았으나, 레몬색은 하나도 없었다. 그나마 *N*. 데포디엔스는 오렌지색에 가까운 노란색이었지만, *N*. 오르콜리스와 *N*. 사이는 희끄무레한 회색이었다.

딱지날개 뒤집기 메커니즘은 송장벌레가 나뭇가지에 내려앉은 **순간에만** 등에 붙은 진드기가 보였던 희한한 수수께끼도 설명해줄 듯하다. 진드기는 벌레의 가슴뿐 아니라 논리적으로 안전한 장소임에 분명한 딱지날개 '안면'에도 붙어 있는데, 벌레가 막 내려앉은 순간에는 아직 딱지날개를 원래대로 뒤집지 않은 상태라서 검은 바탕에 오렌지색 무늬가 그려진 등판이 드러나지 않았던 것이다.

내가 송장벌레 관찰을 재미난 활동으로 여기는 것은 아마도 아버지에게 물려받은 취미인 것 같다. 나 역시 20년쯤 전에 큰아들 스튜어트에게 이 취미를 전수했다. 당시 열 살이었던 스튜어트가 나와 함께 캠프에 머물 때였다. 기억하기로 그때 스튜어트는 무척 재미있어했고, 나는 그 일화를 『메인 숲에서의 1년』에 적어두었다. 그래서 이번에 그 책을 다시 펼쳐 보았다. 256쪽을 열었더니, 우리가 죽은 흰발생쥐를 오두막 뒤켠 톱밥에 놓아두고 "송장벌레가 와서 묻는지 관찰했다"고 적혀 있었다. 우리가 한 시간 뒤에 확인했을 때 생쥐는 사라지고 없었지만, 스튜어트가 생쥐가 묻힌 곳을 알아내어 도로 파냈고 나는 생쥐를 다른 장소에 가져다두었다. 그리고 이번에는 스튜어트가 곁에 앉아서 망을 보았다. 아이는 그때 목격했던 장면을 내게 말해주었는데, 나는 오늘에서야 그 내용에 깜짝 놀랐다. 아이에 따르면, 송장벌레 한 마리가 나타나서 땅을 파다가 배를 쳐들고 가만히 있다

N. 토멘토수스가 날아오르기 직전과 내려앉은 직후에 딱지날개를 뒤집는 모습. 중앙에 그려진 것은 이 송장벌레와 같은 시기에 활동하는 여러 호박벌 중 한 종이다. N. 토멘토수스는 평소에 (아래 세 그림의) 오렌지색과 검은색이었다가 날 때는 (위 세 그림의) 노란색으로 변한다.

가 하기를 반복했다(냄새를 퍼뜨려 짝을 부른 것이었다). 그랬더니 다른 송장벌레 한 마리가 날아왔다. 아이는 벌레가 "꼭 호박벌 같은 소리를 냈고, 땅에 내린 뒤에도 날개가 열려 있었다"고 단언했다. "등에는 꼭 호박벌처럼 금색 털이 있었다"고도 말했다. 이제야 알겠다. 아이가 언급했던 '등'은 검은 배를 덮은 송장벌레의 뒤집힌 딱지날개 안면이었다. 당시에 나는 아이가 아마도 송장벌레의 머리와 배를 가리킨 것이겠거니 하고 생각했을 것이다. 아이들은 선입견 없이 본다. 거기에 지식이 더해지면, 발견을 더 쉽게 해낼 수 있다. 송장벌레가 딱지날개를 뒤집어 순식간에 색깔을 바꾸는 현상은 학술지에 보고할 만큼 가치 있는 발견이었다. 나는 그 내용을 적어서 《노스이스턴 내추럴리스트》에 제출했고, 논문은 동료 과학자들의 검토를 거친 뒤에 게재되었다.

송장벌레는 요즘도 흔하다. 누구나 신선한 고기를 내놓기만 하면 쉽게 만날 수 있고, 우리가 굳이 찾아다닐 필요도 없다. 녀석들이 찾아올 테니까. 니크로포루스 송장벌레는 대부분의 서식지에서 절멸 위기종이 아니지만, 그중에서도 몸집이 가장 커서 길이가 평균 3센티미터쯤 되고 가끔 4센티미터에 달할 때도 있는 니크로포루스 아메리카누스만큼은 미국에서 절멸 위기종 목록에 올라 있다. 이 종은 한때 최소 35개 주에서 서식했지만, 지금은 그 서식 범위의 90퍼센트에서 사라졌고 5개 주에서만 발견된다. 길어야 1.5센티미터에 불과한 다른 종과는 달리 N. 아메리카누스는 머리, 가슴, 더듬이에도 군데

군데 오렌지색에 가까운 밝은 붉은색이 있다. 이 종의 생리에 관해서는 알려진 바가 적기 때문에, 우리는 이 종이 왜 이렇게 큰지, 오렌지색에 가까운 붉은색을 왜 이렇게 많이 띠는지, 다른 종은 대체로 괜찮은데 왜 이 종만 멸종 위기에 처했는지, 그 이유를 알지 못한다. 니크로포루스 송장벌레 중에는 서식지와 먹이 측면에서 특이하게 분화한 경우가 더러 있다. 가령 N. 베스필로이데스는 토탄이끼라고도 불리는 물이끼에만 동물 사체를 묻고, 앞에서도 말했듯이 또 다른 종은 생쥐 같은 작은 동물의 사체가 아니라 뱀 알을 묻는다. N. 아메리카누스에 대한 한 가설은 이 종이 나그네비둘기를 묻기에 적합하도록 분화했는데 요즘은 대부분의 서식 범위에서 그와 비슷한 크기의 사체를 자주 구할 수 없게 되었다는 것이다(나그네비둘기는 한때 북아메리카에서 개체수가 가장 많은 새였으나 인간의 사냥으로 1914년에 멸종했다 - 옮긴이).

2

사슴의 장례

나는 생명이 계속 살아가기를 바라는 모양이다.
- 로버트 프로스트, 「인구 조사원」

나는 차에 치여 죽은 회색큰다람쥐를 또 한 마리 캠프로 가져왔다. 2011년 6월 중순 메인의 날씨는 금파리가 활동하기에는 너무 서늘했고, 다람쥐 사체에 구더기는 없었다. 그렇다고 썩지도 않을 만큼 서늘하진 않았다. 다람쥐가 고약한 썩은 내를 풍길 것은 거의 확실했다. 만일 그렇다면 독수리가 사체를 발견할까? 독수리는 냄새 고약한 사체를 어떻게 할까? 아메리카수리부엉이가 그러듯이 통째로 삼킬까? 답을 알기 위해서, 나는 부풀어 오른 다람쥐 사체를 숲 속 공터에 놓아두었다. 그리고 오두막 창문 옆 소파에 편하게 자리 잡고 앉았다.

큰까마귀 한 마리가 숲 위를 날다가 맨 먼저 사체를 보았다. 녀석은 선회하여 공터로 내려와, 소나무 꼭대기에 조용히 내려앉았다. 몇 분쯤 주변을 살피더니, 날개를 펴고 다람쥐 곁으로 급강하하여 몇 차례 깡충거렸다. 그러고는 사체의 눈과 털을 약간 뽑아냈다. 그러나 살갗을 뚫지는 못했고, 그 대신 다람쥐의 입에 부리를 집어넣어서 살점 약간과 뇌를 뽑아냈다. 그러고는 날아서 떠났다. 나는 밖으로 달려 나가서 다람쥐의 배를 갈라 열고, 다시 소파로 와서 편하게 앉았다. 큰까마귀가 돌아오는지 보고 싶었다.

썩어가는 내장이 노출되었으니 강력한 냄새 기둥이 피어오르고 있을 것이었다. 아니나 다를까, 한 시간도 지나지 않아서 그림자 하나가 공터를 스쳤다. 큰 새가 공터 상공을 맴돌고 있었다. 칠면조독수리였다. 새는 1분 뒤에 정확히 죽은 다람쥐 위로 와서, 1분쯤 더 맴돈 뒤, 사체 옆에 외따로 선 사과나무에 앉았다. 그곳에서 쉼 없이 고개를 돌리면서 사방을 살피는 듯했지만, 다람쥐만은 쳐다보지 않았다. 새는 깃털을 한참 손질하더니, 날개를 활짝 펴서 햇살을 받으면서 그대로 가만히 있었다. 그러고는 태연하게 깃털을 좀 더 다듬었다.

오두막에서 쌍안경으로 칠면조독수리를 보고 있노라니 새가 정말 근사하다는 생각이 절로 들었다. 새는 몸 어디에도 먼지 한 점 없었다. 상아색 긴 부리는 반들거렸다. 녀석의 감정이 고양되었다는 사실을 붉어진 얼굴로 알 수 있었는데, 머리로 피가 쏠려서 민머리가 체리처럼 붉게 변해 있었다. 검은 깃털이 드문드문 돋은 윗목도 금세 밝은 보랏빛으로 물들었다. 거의 민숭민숭한 목 아래쪽으로는 풍성하고 반지르르한 청흑색 목둘레 깃털이 칙칙한 갈색의 날개깃과 대비를 이루며 반짝거렸다.

사과나무에 앉은 지 16분이 지나고서야 칠면조독수리는 주변 환경에서 죽은 다람쥐로 노골적으로 관심을 옮겼다. 새는 가지에서 가지로 깡충깡충 뛰면서 가까이 다가오다가, 이윽고 땅으로 내려와서 다람쥐 옆에 앉았다. 그러고도 몇 분쯤 꼼짝 않고 가만히 있다가, 이윽고 신중하게 야금야금 쪼아 먹기 시작했다. 새는 내장을 꺼내 옆으로 던지고 살점만 조금씩 물어뜯었다. 34분 뒤에 새는 날아갔다. 내장과 거의 깨끗해진 뼈와 가죽만 남긴 채. 나는 그것을 그대로 두었다. 뭔가 다른 동물이 와서 남은 양식을 챙기지나 않을지 궁금했다.

다음 날 동틀녘, 까마귀 소리에 잠이 깼다. 침대에서 창밖을 내다보니 사과나무 근처 높다란 가문비나무 꼭대기에 까마귀가 앉아 있었다. 가문비나무가 산들바람에 흔들렸고, 까마귀가 앉은 나뭇가지가 새의 무게로 간간이 축 휘었다. 그래도 새는 균형을 잡으면서 이따금 까악까악 울었다. 최소한 10분쯤 계속. 새는 채 100미터도 떨어지지 않은 곳에 널브러진 죽은 다람쥐 찌꺼기를 바라보고 있었다. 나는 새가 금방이라도 내려앉으리라고 기대했지만, 새는 힘차게 까악거리기만 했다.

한참 뒤에 또 다른 까마귀가 저 아래 계곡에서 까악까악 화답했다. 두 번째 새가 도착하자, 두 새는 전날 칠면조독수리가 앉았던 사과나무로 함께 날아가 앉았다. 이윽고 둘 중 한 마리가 다람쥐로 내려왔다. 새는 사체 곁에 착지한 뒤 1분쯤 바라보다가 도로 사과나무로 날아갔다. 두 까마귀는 몇 분 더 근처 나무에 머물다가, 해가 뜨기 시작할 무렵에 조용히 아래 계곡으로 날아갔다.

한 시간 뒤, 큰까마귀가 날아왔다. 새는 한순간도 지체하지 않고 정확히 죽은 다람쥐를 향해 퍼덕퍼덕 내려왔다. 그러고는 남은 사체를 부리로 문 뒤, 잔가지가 무성한 가문비나무 밑동으로 날아갔다. 새의 모습이 나뭇가지에 거의 가려졌지만, 새가 털을 뽑기 시작한 것을 알아볼 수 있었다. 그러나 새는 금세 그만두고, 다람쥐 가죽을 가지에 남겨둔 채 떠났다. 새는 그날 오후에 다시 돌아와, 다람쥐 가죽을 걸어둔 곳으로 곧장 날아갔다. 살점이 많이 남았을 리 없었다. 큰까마귀가 다시 떠나자, 나는 다람쥐 가죽을 집어서 안팎을 뒤집은 뒤 (털이 안쪽으로 가도록 한 뒤) 땅에 놓았다. 하루가 지나자 그것마저 사라졌다. 사체가 더 크다면 새가 더 많이 꼬일 텐데 싶었다.

2010년 7월, 메인은 후텁지근했다. 9일에는 내가 사는 곳 근처의 웰드라는 마을에서 목수로 일하는 친구 월리스와 함께 사우나 뼈대를 세우느라 비지땀을 흘렸다. 우리에겐 쪄 죽을 것 같은 열기였지만 대모등에에게는 이상적인 온기였다. 어느 때고 대모등에 열에서 스무 마리 정도가 우리를 맴돌면서 저마다 공격할 틈새를 엿보았다. 우리 살갗에 구멍을 내어 신선한 피를 마시기 위해서. 나는 내가 죽기 전에 나를 먹으려고 드는 녀석들을 좋아하지 않는데, 등에들은 하나같이 그런 의도를 품고 있었다. 등에는 왱왱거리며 시끄럽게 주변을 날면서 틈을 엿보다가, 우리가 경계를 늦춘 순간에 드러난 살갗 아무데나 내려앉는다. 한 마리뿐이라면 별반 성가실 게 없다. 나는 녀석들의 전술을 익히 알고, 죽이는 법도 안다. 하지만 동시에 스무 마리라면 녀석들이 유리할 것이다.

등에는 사람만 괴롭히는 게 아니다. 숲에 사는 무스와 사슴도 귀찮게 한다. 무스는 연못에 첨벙 뛰어들어 피할 수라도 있지, 수초를 뜯는 습성이 없는 사슴은 폴짝폴짝 뛰고 달리는 수밖에 없다. 그럴 때 사슴이 늘 앞을 제대로 보고 뛰는 건 아닌 모양이다. 그날 월리스와 나는 삼나무 널빤지를 가져오려고 딕시필드와 웰드를 잇는 도로를 달리다가 차에 치여 죽은 암사슴을 발견했다. 아주 최근에 죽은 것도 아닌 것 같았다. 냄새가 벌써 상당히 고약했다. 나는 차로 사슴을 치고도 그걸 도로나 길가에 놔두고 떠나는 사람의 정신머리가 통 이해되지 않는다. 더구나 이후에 차를 세운 사람도 없어 보였다.

나는, 자주 그러듯이, 차를 세웠다. 암사슴의 젖꼭지를 보아하니 젖을 먹이는 중이었던 듯해서 더 속이 상했다. 근처 숲 어딘가에서 새끼 사슴 한 마리나 두 마리가 어미 젖을 기다리고 있을 테고, 그러다 곧 굶어 죽을 것이었다. 사슴 주검이라 해도 낭비되게 놔둔다면 부끄러운 일이었다. 내가 월리스의 픽업트럭 짐칸에서 사슴의 뒷다리를 잡아당기고 월리스가 밑에서 밀면서 간신히 사슴을 실은 후, 우리는 떠났다. 어떻게 처분할지 확실한 계획은 아직 없었지만, 내 오두막 옆 공터에 두면 코요테, 곰, 큰까마귀, 아니면 독수리가 발견할 것 같았다. 그 동물들은 그걸로 새끼를 먹여서 죽은 사슴을 다른 생명으로 바꿀 테고, 단기적으로는 또 다른 생명을 죽일 필요가 없을 것이다.

나는 암사슴을 캠프 공터에 무성하게 자란 미역취와 터리풀 속에 내려놓았다. 날카로운 사냥칼로 배를 갈라 내장을 쏟아내고, 어깨뼈와 오른쪽 앞다리를 옆으로 벌렸다. 가죽도 절개하여 뒷다리 살점을 드러냈다. 사우나 짓는 일은 잠깐 쉬기로 하고, 예의 오두막 창문 옆 소파에 진을 치고 앉아 지켜보았다.

2시간 뒤, 칠면조독수리 한 마리가 처음 상공에 나타나 사슴 위를 맴돌았다. 나는 이전에 고속도로 갓길에서 차의 행렬이 끊기기를 기다리는 듯한 사슴과 근처 나무에서 잠자코 웅크리고 있던 독수리 떼를 본 적이 두 번 있었다. 그런데 지금 내 공터에서 가까운 소나무 숲에는 큰까마귀 한 쌍이 둥지를 짓고 살고 있었다. 그들에게는 크고 허기진 새끼도 있었다. 이거 재미있겠는데 싶었다. 여기에서 한바탕 쇼가 벌어질 수도 있었다.

지난해 가을, 펜실베이니아 교외 펜스버그에 사는 조카 찰리가 집 앞에서 차에 치여 죽은 사슴을 차지하게 되었다. 찰리에 따르면, 그가 앞마당에서 사슴 내장을 꺼낸 지 '1시간 만에' 칠면조독수리 여러 마리가 날아왔고, 이후에도 10여 마리가 더 날아와 아주 신선한 고기를 즐겼다고 했다. 독수리들은 찰리네 집 지붕에 한참 앉았다가, 자기들끼리 모종의 합의에 도달했는지 한꺼번에 사체로 내려앉았다. 불과 하루 만에 살점은 한 조각도 남지 않았고, 내장에 들었던 내용물만이—사슴이 이웃 밭에서 따 먹은 곡물이 반쯤 소화된 것만이—남았다. 나는 독수리 떼가 내 사슴을 찾아오기까지 얼마나 걸릴지 궁금했다. 도착한 독수리들이 큰까마귀들과 싸워 물리칠지도 모른다. 아니면 큰까마귀들이 독수리들을 물리칠지도.

독수리는 죽은 사슴 바로 위를 날았다. 독수리가 다들 그러듯이 몸

제1부. 작고 큰 것

을 양옆으로 흔들었고, 만전을 기하려는 듯 공터와 근처 숲을 더 넓게 순회했다. 그러나 실망스럽게도 자신이 본 광경이 맘에 들지 않은 모양이었다. 새는 한 번도 내려앉지 않고 날아가버렸다.

나는 생물학자 퍼트리샤 레이브놀드의 연구와 조카 찰리의 경험을 통해서 칠면조독수리가 단체로 보금자리를 마련한다는 사실을 알고 있었다. 녀석들은 그렇게 한데 모여 있다가, 경험이 부족한 새가 더 능숙한 새를 좇아서 공동의 만찬을 즐긴다. 나는 다음 날 아침이 되어야 독수리 떼가 도착하리라 예상했기 때문에, 오후에는 다른 잡일을 좀 보았다. 두 시간 뒤에 돌아왔더니 칠면조독수리 한 마리가 와 있었다. 새는 공터 가장자리의 나무에 앉아 있었지만, 내가 오자마자 날아가버렸다. 사슴을 먹은 것 같진 않았다. 흐트러진 데가 전혀 없었다.

시간이 이쯤 흐르니, 수천 마리는 아니라도 수백 마리는 됨직한 금파리 떼가 사슴에 모여 있었다. 금파리는 종이 많고(1,100종이 동정(同定)되어 있다) 대부분 현미경으로 검사해야 구별할 수 있다. 몸에 난 털의 개수를 헤아려 구별하기 때문이다. 가령 흔한 초록 금파리인 루킬리아 세리카타는 가운데가슴의 등쪽에 털이 세 가닥 나 있고 뒷머리에는 6~8가닥이 나 있는데 비해, 루킬리아 쿠프리나는 뒷머리 털이 한 가닥뿐이다. 나는 금파리 털을 헤아리진 않았다. 그저 초록 금파리의 눈부신 아름다움에, 그리고 그보다 수는 적지만 그 못지않게 근사한 금속성 광택을 자랑하는 파란 금파리와의 확연한 차이에 충분히 감동했다.

눈부시게 반짝거리는 파리들로 뒤덮인 사체에서 썩은 내가 진동했다. 칠면조독수리 두 마리뿐 아니라 큰까마귀 한 마리도 사체를 본 게 분명했다. 녀석이 공터를 한 번 맴돌았고 날아가기 전에 여러 번 까악거렸으니까. 큰까마귀는 신선한 살점을 좋아한다. 갓 죽은 게 아니라면 최소한 꽁꽁 언 것을 좋아한다. 저물녘이 되어도 죽은 사슴에는 새가 더 찾아오지 않았다. 그날 밤에 내가 잠자리에 든 뒤, 숲 속 개면 산등성이 쪽에서 코요테들의 합창이 들려왔다. 북두칠성이 지평선을 향해 서서히 회전하는 동안, 나는 오두막 위층에서 공터를 내려다보았다. 회색 그림자들이 사슴을 향해 살금살금 다가오는 모습을 확인하려고 눈에 힘을 주었다. 그러나 그림자는 없었다. 나는 곧 푹 잠이 들었다.

큰까마귀도, 까마귀도, 칠면조독수리도, 코요테도 사슴을 찾아오지 않았다. 그러나 다음 날 아침에는 다른 동물들이 활발하게 활동했다. 지난 1월에 바로 이곳에서 내가 겨울 생태학 수업을 가르쳤던 학생 열 명이 밤에 찾아와서 공터에 텐트 두 채를 쳤다. 파티를 열기로 한 날이었다. 그러니 큰까마귀, 칠면조독수리, 코요테는 오늘 물러나 있을 것이었다. 나는 개의치 않았다. 덩치 큰 동물들이 먹어 치우지 않는다면 죽은 사슴에게 무슨 일이 일어나는지 알아볼 기회였으니까. 큰 새들이 확실히 배제되리라는 사실은 정오 무렵에 더욱 확실해졌다. 두 번째 술꾼 무리가 엘더베리 술 두 병과 기타 하나를 갖고서 도착했기 때문이다.

그날 오후의 오두막 모임과 저녁에 야외에서 모닥불을 둘러싸고 벌어진 잔치는 사슴에게 꼭 어울리는 경야(經夜)였다. 사슴이 기타 두 대, 밴조 한 대, 만돌린 한 대의 반주에 맞춰서 열 명쯤 되는 목소리가 저마다 소리를 냈다가 말았다가 하면서 술에 취해 부르는 노래를 좋아한다면 더더욱 그랬으리라. 만약에 이것이 내가 생명의 재순환으로 돌아가는 차례였다면, 나는 이런 장례식을 기꺼워했을 것이다.

다음 날 새벽, 거의 모두가 술이 덜 깼을 때, 사슴은 새나 코요테가 건드리지 않은 채 그대로 놓여 있었다. 동틀녘에 큰까마귀 한 마리가 다시 날아왔다. 이번에는 새가 아무 소리도 내지 않았다. 정오에는 기온이 30도 초반까지 치솟았다. 독수리 한 마리가 나타나서 상공을 맴돌다가 근처 나무에 앉았지만 땅에 내려앉진 않았다. 뭔가 잘못된 게 있나? 나는 사체를 점검했다. 살점은 전혀 뜯겨 나가지 않았으나, 초록 금파리가 수천 마리 앉아 있었다.

사슴은 악취가 대단했다. 오두막에 앉아서도 냄새를 약간 맡을 수 있었다. 부패할 때 나오는 화학물질 중 우리에게 너무나 고약하게 느껴지는 에탄티올(에틸메르캅탄)은 《기네스 세계 기록》에 따르면 "세상에 존재하는 물질 중에서 냄새가 가장 고약하다"고 한다. 뭐, 사람에겐 그렇다는 말이다. 이 물질은 원래는 아무런 냄새가 없는 프로판에 미량 첨가되는데, 우리가 무심결에 성냥을 켰다가 집을 날려 먹는 일을 막기 위해서 추가하는 것이다. 사람들은 가스 공급관에서 새는 지점을 찾아낼 때 극미량의 에탄티올에도 끌린다고 알려진 칠면조독수리를 이용하곤 한다. 그러나 악취의 강도와 독수리가 느끼는 매력의 정도가 반드시 일치하진 않는다. 칠면조독수리는 썩은 고기보다는 신선한 고기나 그런대로 신선한 고기에 더 쉽게 다가온다.

사슴을 가져다 놓은 지 이틀째였던 이날에 점검한 결과, 금파리가 경쟁에서 이긴 모양이었다. 금파리는 15킬로미터 밖에서도 사체 냄새를 맡을 수 있다고 한다. 실제로 엄청나게 많은 수가 썩는 내에 전혀 아랑곳하지 않고 모여 있었다. 노출된 살점은 햇살에 검게 익어갔다. 털가죽 곳곳에 흰 반점이 멍울져 있었다. 금파리 알이 덩어리진 것이었다.

50년도 더 전에 저명한 조류학자 로저 토리 피터슨은 뉴욕 주에서 차에 치여 죽은 사슴을 야외에 내놓고 사흘간 관찰하면서 나와 비슷한 경험을 겪었던 일을 기록으로 남겼다. 나보다 그가 좀 더 불만스러웠을 것 같지만 말이다.

[사슴을] 탁 트인 경사지로 끌어다 놓고, 마대 자루로 잠복처를 세운 뒤, 야생 포도 덩굴로 위장했다. 그 후 나는 30피트[9미터] 떨어진 곳에서 사체가 썩어가고 파리가 들끓는 동안 땀에 전 채 꼬박 이틀을 숨어 있었다. 독수리들은 장례를 기다리는 장의사처럼 신중하게 거리를 두면서 높다란 죽은 솔송나무에서 웅크리고 있었다. 셋째 날 나는 잠복처를 허물었다. 그러고서 3시간도 지나지 않아서 우연히 친구가 들렀다. 친구가 다가오는 순간, 독수리들이 구름처럼 날아올랐다. 잠시 뒤에 사슴에게서 남은 것은 여기저기 흩어진 뼈 몇 조각뿐이었다.

독수리는 속이기 쉽지 않다. 설령 내가 숲이나 풀밭에 누워 죽은

제1부. 작고 큰 것

척하고 있었더라도 독수리를 꼬는 데 더 성공했을 것 같진 않다.

생쥐나 새의 주검에 비해 사슴의 주검은 여러 청소동물 중에서도 구더기에게 더 유리하다. 구더기는 세균이 부산물로 남긴 질척한 물질을 먹으면서 더한층 창궐하는데, 세균은 온도가 높을수록 더 빨리 증식하고, 덩치 큰 사체는 사망 순간의 체온을 좀 더 오래 간직하므로, 세균이 번식하기 좋은 상황이 조성된다. 나는 이 사실을 변호사와 돼지를 통해서 지난한 방식으로 깨우쳤다.

언젠가 보스턴의 한 변호사가 내게 전화를 걸어왔다. 살인 재판에 전문가 증인으로 출석해준다면 내 관점에서는 터무니없어 보일 만큼 많은 돈을 주겠다고 제안했다. 당시에 나는 곤충의 에너지학을 꽤 오래 연구하고 있었고, 호박벌이 체온 유지에 지출하는 에너지가 얼마나 되는지 계산하기 위해서 갓 죽은 벌이 식어가는 속도를 측정하곤 했다. 벌의 체온은 1~2분 만에 급격히 떨어진다. 그러나 돼지만 한 사체라면 외부 기온이 0도에 가깝더라도 자연 냉각에 며칠이 걸릴 수 있다. 체열이 대부분 몸 속 깊숙이 간직되어 있기 때문이다. 살인 재판에서는 만일 희생자가 발견된 시점의 체온을 알 경우, 원래 36.7도였던 온도가 어떻게 그 온도까지 떨어졌는지를 거꾸로 계산함으로써 사망 시점을 꽤 정확히 추정할 수 있다. 나는 전문가 증인을 맡기로 했다. 그리고 우선 사람만 한 돼지의 냉각 속도 데이터를 모으기로 했다. 돼지는 실제 희생자의 대역으로 알맞을 것이었다.

나는 크기가 적당한 돼지를 찾았고, 농부에게 죽여서 바로 가져다

줄 수 있다면—사람 체온과 같은 상태여야 하니까—구입하겠다고 말했다. 축 늘어진 뜨끈한 돼지가 트럭으로 배달되었고, 나는 그것을 버몬트에 있는 우리 집 뒤쪽에 얇게 깔린 눈 위에 놓았다. 그러고는 돼지에게 온도계를 꽂고 데이터를 기록하기 시작했다. 이틀이 지나자 돼지는 충분히 식었다. 나는 재판에 필요한 정보는 다 알아냈지만, 그 훌륭한 돼지고기를 그냥 내버릴 생각은 없었다.

나는 돼지의 살을 발라 일부를 요리했다. 그런데 맛을 보니 상한 것 같았다. 늦겨울이었고, 파리는 전혀 보지 못했는데도 말이다. 아내는 내가 돼지를 자를 때 우리 집 닭들이 더러운 발로 사체를 마구 타고 넘었기 때문에 이상한 맛이 나는 거라고 주장했다. 하지만 내 생각에는 이렇게 큰 동물의 몸에서는 체온이 오래 보존되다 보니 내부에서 세균이 증식한 탓인 것 같았다. 실험 목적상 내장을 꺼내지 않고 놔둔 상태였으니까.

거두절미하고, 결국 내가 기르던 큰까마귀들이 돼지고기를 50킬로그램쯤 포식했다. 우리는 한 점도 먹지 못했다. 나는 실험 결과를 변호사에게 설명했으나, 증인석에 소환되지는 않았다(돼지 값이나 내가 들인 시간에 대한 변상도 받지 못했다). 꽤 비싼 돼지였던 셈이다. 어쨌든 그 덕분에 나는 큰 동물은 아주 천천히 식는다는 사실을 어렵사리 깨우쳤다. 사체를 세균에게 (또한 구더기에게) 내주지 않으려면 즉시 먹거나 내장을 제거해야 한다는 사실도. 왜냐하면 속에 든 세균이 더 유리한 입장이니까.

돼지 일화는, 특히 세균 부분은, 사체를 먹는 청소동물에서 세균보다 한 단계 높은 곳을 담당하는 존재에게로 이어진다. 앞에서 말했듯이 죽은 사슴은 이틀 만에 켜켜이 꼬물거리는 흰 구더기 떼로 뒤덮였다. 충분히 따뜻하다면, 금파리가 한 '배'에 낳은 150~200개의 알은 빠르면 8시간 뒤에 부화하고, 사흘 만에 다 자라며, 일주일 만에 생애 주기를 마친다. 번식과 발달 속도가 경이로우리만치 빠르다 보니 이 곤충은 금세 기선을 제압한다. 내 사슴도 사체를 일찍 발견하고 맛본 뒤 흡족해한 금파리들이 이미 독차지한 터였다.

이렇게 많은 구더기가 집단적으로 높은 대사율을 보이면, 사체 내부 온도가 그 때문에 더 **높아진다**. 그러면 구더기의 성장 속도도 더 빨라진다. 바깥 기온이 높고 자연 냉각 속도가 낮은 조건에서는 우리가 예측했던 속도보다 더 빨라진다. 금파리는 대부분 금속성 초록빛을 내는 루킬리아 세리카타인 듯했다. 이른바 '구더기 치료법'에 선호되는 종이다. 구더기는 예로부터 환자의 괴사 조직을 먹어 치워서 상처 치유를 돕는 데 쓰였고, 특히 그람양성균에 감염된 경우에 효과적이다. 내 짐작에 루킬리아 세리카타는 고깃덩어리의 주된 경쟁자인 세균으로부터 자신을 방어하고자 모종의 화학물질을 배출할 수도 있다. 그러나 푸른곰팡이에서 페니실린을 추출했던 것처럼 구더기에서 화학물질을 추출한 예가 있다는 소리는 아직 들어보지 못했다.

구더기는 역겹게 느껴질 수 있다. 언제나 동반되는 악취 때문에라도 우리가 구더기를 어여삐 여기기는 어렵다. 그래도 녀석들의 가치를 인정할 수는 있다. 구더기는 법의학에서 사망 시각을 확정하는 용도로 널리 쓰인다. (기온과 체온에 따라 다르지만) 시체에 맨 처음 알을 낳는 곤충이 파리이기 때문이다.

유충의 의학적, 법의학적 가치를 차치하더라도, 성체 또한 논란의 여지는 있을망정 충분히 살아 있는 보석으로 묘사될 만하다. 초록 금파리의 외골격은 보석처럼 반짝인다. 내가 장담하는데, 그럴 마음만 내킨다면 투명한 플라스틱에 녀석들을 하나씩 박아서 귀걸이나 목걸이 펜던트로 만들면 수백만 개는 너끈히 팔릴 것이다.

보석은 형체가 없고 활성도 없는 죽은 물질이지만, 초록 금파리는 한 마리 한 마리 모두 뛰어난 항공 공학적 기예를 자랑하는 존재들이다. 파리는 비행은 물론이려니와 우리가 잘 알지 못하는 수많은 다른 행동도 할 줄 안다. 딱정벌레와 마찬가지로 파리는 힘을 내는 근육에서 날개까지 직접 이어진 힘줄이 없다. 파리가 날개를 아래로 치려고 근육을 수축시키면, 근육은 지렛대 메커니즘을 통해 가슴을 수축시킨다. 그러면 반대편 근육, 즉 날개를 위로 치게 만드는 근육이 **신장된다**. 신장된 근육은 자연히 도로 수축되려고 하므로, 그 때문에 날개를 아래로 치게 만드는 근육이 신장된다. 이 과정이 반복되면 가슴은 말 그대로 모터처럼 진동하고, 날개는 초당 수백 번씩 떨린다. 깔따구 같은 몇몇 곤충은 날개를 초당 천 번 넘게 친다. 이런 속도는 직접적인 신경 자극만으로는 결코 달성할 수 없다. 그렇다. 파리는 안팎 모두 아름답다.

파티를 벌였던 날로부터 며칠이 지났다. 사체가 점점 더 썩어가는데도 불구하고, 혹은 점점 더 썩어가기 때문에, 파리는 점점 더 많이

제1부. 작고 큰 것

모여들었다. 더듬이로 냄새를 맡는 파리는 약 15킬로미터 떨어진 곳에서도 사체 냄새를 감지한다. 파리 떼는 썩은 고기를 마구 헤집고 다니면서 알 덩이를 점점 더 쌓았다. 파리는 '혀'는 물론이고 발바닥에도 맛 수용체가 있다. 훌륭한 곤충생리학자였던 고 빈센트 드티에가 증명했듯이, 파리는 단맛과 짠맛과 신맛을 느낀다. 우리가 느끼는 맛을 기본적으로 똑같이 느끼는 셈이다. 죽은 사슴에 붙은 파리들은 단백질을 찾아서 마신 뒤에 그 영양분을 금세 알로 바꿔냈다. 단백질은 유충의 유일한 식량이기도 하다.

노출된 살점이 더 이상 남지 않았을 때, 이미 파리가 이기고 새와 코요테가 진 승부였지만, 또 다른 사체 처리 전문가가 현장에 도착했다. 딱정벌레였다. 니크로포루스 송장벌레는 1킬로미터 떨어진 곳에서도 죽은 생쥐 냄새를 맡는다고 한다. 나는 곤충 처리반이 벌써 사체 밑에서 한창 작업 중인 게 아닐까 싶었다. 죽은 돼지를 사람 대신 사용한 법곤충학 연구에 따르면, 송장벌레가 사체를 먹는 시점은 종마다 다르다고 했다. 내 짐작이 옳은지 확인하려면 사슴을 뒤집어야 했다. 구역질 없이는 할 수 없는 일이었지만, 그럴 만한 가치가 있었다.

사슴을 살짝만 들어올렸는데도, 길쭉하고 까맣고 반들거리며 등에 세로로 홈이 파인 벌레(네크로데스 수리나멘시스)가 수십 마리 눈에 들어왔다. 반날개과에 속하는 벌레도 있었다. 윤기 있고 기름하고 발빠른 이 벌레는 흔히 날개가 짧다고 여겨져서 반(半)날개라고 불리지만, 사실은 뭉툭한 딱지날개 밑에 아주 긴 막날개를 낙하산처럼 착착 접어서 갖고 있다. 반날개과에 속하는 종은 전 세계에 4만 종쯤 확인되었고, 확인되지 않은 종도 그 두 배는 될 것이다. 반날개과 벌레는 대체로 육식성이므로 녀석들이 사체를 청소하는 모습을 포착한 것은 놀랄 일이 아니었다. 녀석들은 발이 빠르고 날기도 잘 난다. 내가 사슴을 들어올리자마자 녀석들은 잽싸게 흩어져서 주변 흙에 숨었다. 종은 여러 가지였다. 짙은 청색으로 반들거리는 종도 있었고, 누런 갈색에 가까운 종도 있었다. 세 번째 종은 희끄무레한 데다가 등에 가로로 흰 줄무늬 같은 게 있었다. 나는 송장벌레과에 속하는 벌레도 두 종 알아보았다. 납작하고 펑퍼짐하며 손톱만 한 크기에 주로 까만 벌레들이었다. 하나는 가슴에 노란색이 있었고(네크로필라 아메리카나), 다른 하나는 붉은색이 있었다(오이케옵토마 노베보라켄세).

나는 예전에 내놓았던 죽은 생쥐와 땃쥐를 순식간에 찾아왔던 니크로포루스 송장벌레도 많이 발견하리라고 예상했지만, 꼼꼼히 확인해보니 놀랍게도 한 마리도 없었다. 그 벌레가 사슴 고기에 매력을 느끼지 않는다고는 믿기 힘들었다. 어쩌면 당시 근처에 그 벌레가 한 마리도 없었을지도 모른다. 그러나 내가 암사슴과 같은 시기에 내놓았던 차에 치여 죽은 얼룩다람쥐에는 그날 오후에 니크로포루스 송장벌레가 두 마리 꼬였다. 어쩌면 사슴 썩는 냄새나 구더기 냄새가 그 벌레를 물리치는 게 아닌가 싶었다.

2주 뒤인 8월 5일, 나는 죽은 사슴에서 무엇이 남았는지 확인하러 가보았다. 털 뭉치 약간, 그리고 사슴이 놓였던 자리가 움푹 파이고 얼룩진 게 다였다. 바로 옆에 단서가 두 가지 있었다. 예전에 칠면조

네크로데스 수리넨시스

오이케웁토마 노베보라첸세

네크로필라 아메리카나

죽은 사슴 밑에서 발견한 송장 먹는 딱정벌레. 위의 두 개체는 (4만 6,000종 넘게 확인된) 반날개과 딱정벌레 중 두 종이다. 아래 오른쪽은 네크로데스 수리나멘시스, 아래 왼쪽은 오이케웁토마 노베보라켄세와 네크로필라 아메리카나다.

독수리가 (큰까마귀들도) 앉았던 노란 딜리셔스 품종의 늙은 사과나무 몸통에 곰이 할퀸 자국이 새로 나 있었고, 일찍 여무는 이 사과나무의 가지가 몇 개 부러져 있었다. 곰이 갓 열린 달콤한 사과를 따 먹은 뒤에 사슴 찌꺼기를 끌고 갔던 것이다.

이듬해 4월 말, 암사슴을 내놓았던 장소로부터 약 2킬로미터 떨어진 곳에서 죽은 무스 수컷을 발견했다. 수컷 무스는 흰꼬리사슴 암컷보다 몸무게가 열 배는 더 나갈 것이다. 이 녀석은 여위어 보였다. 무스진드기에 감염되어 합병증으로 죽은 게 분명했다. 무스진드기병은 겨울에 기생충이 억제될 만큼 기온이 충분히 낮아지지 않고 눈이 오래 덮여 있지 않을 경우에 이 숲에서 흔히 발생하는 사망 원인이었다. 만일 이 숲에 아직까지 늑대가 살고 있었다고 해도 무스가 지금보다 더 많이 죽으란 법은 없었겠지만, 진드기에 감염되어 쇠약해진 개체는 지금보다 좀 더 일찍 죽었을 것이다. 포식자의 제일가는 먹잇감이 되었을 테니까.

내가 무스를 발견한 시점은 녀석이 작은 개울가의 무성한 수풀 속에서 쓰러진 지 하루나 이틀이 지난 뒤였다. 코요테 발자국이 사체를 둘러싸고 있었다. 코요테들은 무스의 두꺼운 가죽을 물어뜯어 목에 구멍을 냈다. 큰까마귀도 벌써 먹고 갔다. 가죽에 흰 똥이 떨어진 걸 보면 알 수 있었다. 또 다른 큰까마귀들도 코요테가 뚫은 구멍을 쪼러 왔다. 나중에는 적어도 열 마리가 넘는 칠면조독수리가 사체를 독점했으며, 그다음은 구더기들이 '청소할' 차례였다. 2주 뒤, 코요테와 칠면조독수리가 볼일을 다 본 뒤에도 큰까마귀 한 쌍이 남았다. 큰까마귀들은 매일 찾아와서 사체 주변 나뭇잎을 뒤집었다. 파리 구더기나 번데기, 그 밖의 곤충을 쪼아 먹으려는 것이었다.

골격과 그 위를 살짝 덮은 메마른 가죽만 남았을 때, 검은곰이 와서 남은 것을 언덕 아래로 조금 끌고 갔다. 그로부터 또 2주 뒤, 동물이 쓰러졌던 자리에는 털 뭉치 약간만 남았고, 거기에서 약간 떨어진 곳에 척추뼈와 두개골이 놓여 있었다. 아직까지도 신선한 뼈는 호저가 갉아 먹었다. 생쥐가 치즈를 갉을 때 남는 이빨 자국을 확대한 것 같은 흔적이 뼈에 남아 있었다. 냄새가 여태 감돌았는데도, 독수리는 더 오지 않았다. 독수리는 왜 더 이상 찾아오지 않을까? 물론 살점은 이제 없지만, 독수리는 그 사실을 직접 확인해보지도 않고서 어떻게 알까? 구더기가 풍기는 냄새가 독수리마저 물리치나? 아니면 세균이 부패할 때 나는 냄새가 독수리를 물리치나?

자연의 재활용 세계에는 중복이 많다. 늘 지원 병력이 있다. 재활용 과정은 자동차나 진드기에서 시작되고, 그다음에 청소동물 새들을 고용했다가, 그다음에 파리로, 그다음에 딱정벌레로, 마지막에는 세균으로 옮겨간다. 우리가 본 사슴과 무스의 경우에는 곰이 마지막이었다. 파리가 사슴을 해치우고 남긴 찌꺼기를 곰이 끌고 가지 않았다면, 아마도 수시렁이과 딱정벌레가 대거 찾아왔을 것이다. 전 세계에 500~700종이 알려진 이 벌레는 사체가 부패 단계를 한참 넘어서서 바짝 말랐을 때 찾아온다. 녀석들은 남은 털, 깃털, 강모, 가죽, 피부를 먹는다. 뼈를 제외하고 모든 것을 먹는다. 그 때문에 박물관에서 유해를 청소할 때 이 벌레를 이용하곤 한다. 숲에서는 설치류는 물론이거니와 사슴도 바닥에 뒹구는 뼈를 갉아 먹음으로써 필요한 칼슘을 충당한다. 뼈는 그러다가 차츰 풀잎에 덮인다. 나는 숲에서 사슴의 두개골은 곧잘 발견하지만, 다른 뼈는 거의 보지 못한다. 맨 마지막까지 남는 것은 늘 두개골이다. 메인 숲에는 무스보다 큰 동물은 살지 않는다. 그리고 이 동네 장의사들은 무스처럼 제법 큼직한 동물을 처리하는 일도 비교적 단시일에 해내는 게 분명하다.

그러나 무스에 비해 거대하다고까지 말할 수 있는 동물을 처리하는 과정은 어떨까? 가령 코끼리라면?

3

궁극의 재활용가:
세상을 다시 만들다

손은 마음의 날붙이다…….
인간의 등정에서 가장 강력한 추진력은
우리가 스스로의 기술에 느끼는 즐거움이다.
– 제이컵 브로노스키, 『인간 등정의 발자취』

지금까지 나는 많은 종이 사냥꾼인 동시에 청소동물이라는 사실을 이야기했다. 두 역할은 목표가 같고, 도구도 같을 때가 많다. 초기 인류도 그랬다. 인간은 청소동물로서 능숙해짐에 따라 사냥꾼으로서도 능숙해졌고, 그 반대도 마찬가지였다. 이 사실이 제일 극적으로 드러난 사례를 꼽으라면, 먹잇감 중에서도 제일 버거운 상대, 즉 코끼리와의 관계일 것이다. 지구에서 코끼리를 지속적으로 잡아먹고, 그 배를 가르고, 그 존망에 영향을 미치는 포식자는 오직 인간뿐이다. 지상에서 인간과 코끼리의 관계는 깊은 바다에서 돔발상어 혹은 먹장어와 고래의 관계와 같다. 인간은 궁극의 코끼리 재활용가다. 우리가 어떻게 그렇게 되었는가 하는 질문의 대답은 우리 종의 역사에 새겨져 있다. 인간과 코끼리의 관계를 살펴보면, 인간이 집단적 대사라는 게걸스런 구멍을 통해서 그동안 지구에서 자랐던 거의 모든 것과 오늘날 지구에서 자라는 아주 많은 것을 처리하는 궁극의 존재가 된 과정을 알 수 있다. 인간은 산 코끼리의 살점을 얻는 방법을 알아낸 뒤, 두뇌와 체력과 사회 조직까지 갖춤으로써 손닿는 범위 내의 거의 모든 대상을 처리할 줄 알게 되었다. 내가 지금부터 꺼내려는 질문은 이렇다. 우리는 처음부터 사냥꾼으로 진화했을까, 아니면 청소동물로 진화했을까? 우리는 자연의 장의사로서 과거에 어떤 역할을 수행했고, 현재 수행하고 있을까? 거북과 코끼리가 이런 질문에 대한 대답을 갖고 있을까?

인간이 (또한 다른 영장류가) 다른 동물들과의 공통 선조로부터 갈라져 나왔을 때 사냥꾼이었는가 아니면 청소동물이었는가 하는 문제는 뜨거운 논쟁의 대상이고, 반세기 전부터 제기되었던 질문이다. 이 문제와 관련해서 내가 경험한, 그래서 내 생각을 편향시킬지도 모르는 '데이터'나 일화는 하나뿐이다. 1970년 무렵에 케냐의 암보셀리 국립공원에서 겪은 일이었다. 그때 나는 비비원숭이를 연구하는 대학원생과 함께 사람에게 익숙해진 비비원숭이 무리를 쫓아다니는 특권을 누렸다. 우리가 무리를 관찰하기 시작했을 때, 비비원숭이들은 풀을 뜯고 있었다. 그러기를 두 시간이 지났을까, 한 마리가 푸드덕하면서 토끼를 쫓았다. 토끼는 그 비비원숭이의 손아귀에서 벗어

제1부. 작고 큰 것

났지만, 그런 보람도 없이 큰 무리를 이루었던 다른 비비원숭이들 품으로 달려 들어갔다. 결국 토끼는 제일 크고 우세한 수컷 비비원숭이에게 전달되었고, 녀석은 포획물을 독점했다. 다른 원숭이들도 일부를 조금씩 맛보았지만 말이다. 토끼는 깨끗이 먹혔다. 그 '사냥'은 계획에 없던 일인 듯했고, 성공도 거의 요행으로 보였다. 그저 비비원숭이 무리가 커서 성공한 것 같았다. 그러나 비슷한 시기와 장소에서 역시 비비원숭이를 연구했던 셜리 C. 스트럼에 따르면, 비비원숭이들은 정기적으로 고기를 사냥한다고 한다.

훗날 인류학자 크레이그 B. 스탠퍼드는 『사냥하는 유인원』이라는 책에서 초기 인류는 사냥꾼이었다는 '사냥 가설'을 주장했다. 그는 인간과 제일 가까운 현생 친척인 침팬지의 사냥 행위를 연구했다. 일부 침팬지 무리는 원숭이를 비롯한 다른 먹잇감을 정기적으로, 또한 체계적으로 사냥한다. 날고기 맛을 안다는 듯 먹고, 가죽과 뼈와 찌꺼기도 몽땅 먹어 치운다. 침팬지가 죽은 사체를 처리하는 광경은 한 번도 목격되지 않았다. 스탠퍼드가 지적하듯이, 사냥을 거의 도맡는 수컷 침팬지들은 고기를 나눌 때 적잖은 정치 공작을 펼친다. 사냥과 분배가 사회성을 띠는 작업이라는 사실은 아마도 성적인 측면에서의 특권과 관련되었을 텐데, 이는 인간이 유인원을 닮은 선조로부터 갈라져 나와 사냥꾼으로서 분화하는 데 결정적인 요소였을지도 모른다. 사냥은 인간만의 특징이나 다름없는 속성이 된 사회적 협동, 기술, 지능을 선호한다.

산업 문명에서 살아가는 오늘날의 시점에서는, 우리가 스스로를 규정하는 말로서 '사냥꾼'을 첫손에 꼽을 것 같지는 않다. 그러나 가까운 과거만 돌아봐도 그렇지 않다. 일례로 19세기의 미국을 떠올려보자. 존 제임스 오듀본이 1843년 6월 4일부터 10월 24일까지 쓴 『미주리강 일기』는 소수의 개척자와 원주민 부족이 낮은 밀도로 거주했던 시절의 아메리카를 조금이나마 엿보게 한다. 오듀본은 6월 9일에 이렇게 썼다. "엘크 세 마리가 [리틀미주리] 강을 건너는 것을 보았다. 지금 우리 주변에는 이 훌륭한 사슴이 상상을 뛰어넘을 만큼 많다." 8월 11일에는 이렇게 썼다. "이 동물[들소]은 지금까지도 이토록 많이 살아남아서 바다처럼 넓은 초원에서 풀을 뜯어 먹는다. 그 방대한 규모는 **제대로 설명하거나 심지어 상상하기도 어려울 지경이다.** [오듀본이 직접 이 문장을 강조했다.]" 오듀본과 동행들이 들소, 사슴, 엘크, 영양, 늑대를 하루에도 여러 마리 쏘아 잡지 않고 넘어간 날이 거의 없을 정도였다.

그랬던 세상을 우리가 불과 몇 십 년 만에 깡그리 파괴했다니 믿기 어려운 일이다. 무기가 결정적이었다. 라이플은 버펄로를 절멸하는 데 기여했다. 그러나 사냥의 재간은 총에만 의존하지 않았다. 오듀본은 미끼를 꿴 쇠갈고리만 있어도 늑대를 잔뜩 잡을 수 있다고 했다. 사람들은 버펄로 떼를 얼음판으로 몬 뒤, 무력해진 녀석들을 칼로 찔러 죽였다. 울타리를 지어서 잡는 방법도 있었는데, "특히 그로반트, 블랙풋, 어시니보인 원주민이" 그렇게 했다. 이들은 통나무와 덤불을 써서 깔때기처럼 생긴 입구가 있는 울타리를 세운 뒤, 버펄로를 유인해 그 속에 몰아넣었다. "걸음이 잰 청년이 몸에 버펄로 가죽을 덮고

제1부. 작고 큰 것

머리에 버펄로 장식을 쓰고서 해가 뜨면 작업을 개시했다." 청년은 "송아지처럼 울면서 깔때기의 잘록한 부분을 향해 천천히 움직였다. 그러면서도 줄곧 송아지 울음소리를 흉내 냈다. 버펄로들은 미끼를 쫓아서 이동했다." 그러면 사냥꾼들이 뒤에서 소리를 지르면서 몰고는 모조리 죽였다.

여러 원주민 부족이—아리카라, 수, 어시니보인, 그로반트, 블랙풋, 크로, 만단—쉼 없이 서로 싸우지 않았다면, 그래서 만일 유럽인만큼 인구가 늘어날 수 있었다면, 유럽인이 건너오기도 전에 버펄로 개체수는 실제보다 크게 감소했을 것이다. 어쨌든 그렇게 큰 동물을 그리도 많이 죽여 얻은 막대한 고기를 다 먹기란 인구가 아무리 많아도 불가능한 일처럼 보였을 것이다. 사람들은 실제로 다 먹지 않았다. 개척자들은 혀, 따끈한 뇌, 간만 먹곤 했다. 종종 날것으로도. 오듀본은 그 장면을 이렇게 묘사했다. "한 사람이 들소의 두개골을 부순 뒤, 피투성이 손가락으로 뇌를 꺼내서 대단히 맛있다는 듯이 꿀꺽 삼킨다. 또 다른 사람은 간을 꺼내어 큼직한 덩어리를 목구멍으로 넘긴다. 배 속으로 팔을 집어넣은 세 번째 사람은—내게는—역겨워 보이는 내장을 꺼내어 일부를 사치스럽게 먹어 치운다." 오듀본은 이글거리는 열기에 대해서도 썼다. 기온이 자주 30도를 넘고 가끔은 40도에 육박한다고 했다. 그런 더위에 고기가 몇 시간 이상 신선하게 유지되진 않았을 테니, 유랑하는 사냥꾼은 매일 먹을 것을 잡은 뒤 고기의 대부분은 늑대와 큰까마귀에게 넘길 수밖에 없었다.

제2차 세계대전이 끝난 뒤 미국으로 건너오기 전에, 우리 가족은 독일 북부의 숲에서 난민으로 살았다. 우리는 도토리, 밤, 버섯, 나무 딸기를 채집했다. 아버지는 쥐덫을 가져왔다. 우리는 그것과 낙하식 덫을 함께 써서 작은 설치류를 '사냥'했다. 아버지가 말총으로 교묘하게 만든 올가미로 청둥오리를 잡았던 일이 생각난다. 식량을 찾는 것은 우리의 주된 관심사였다. 독일 숲에서 보낸 유년기의 추억 중에서 지금껏 제일 기억에 남는 사건들도 청소동물처럼 숲을 누비면서 식량을 찾던 일화들이다.

아버지와 함께 숲으로 들어가면 가끔은 우리가 그냥 주변을 두리번거리는 것처럼 느껴졌다. 한번은—너도밤나무 숲 속 탁 트인 곳에 물이 고여 있었고 그곳에 떠 있는 갈색 나뭇잎에 앉은 청개구리를 본 기억이 있으니까, 틀림없이 초봄이었으리라—아버지와 내가 너도밤나무에 기대어 앉아 빵 조각을 으적으적 씹고 있었다. 숲은 조용했다. 화창한 날이었으니 지금 생각하면 아마도 되새가 울고 있었을 것이다. 잠시 뒤에 멀리서 개 짖는 소리가 들렸다. 우리는 처음에 별 생각 없이 들었다. 그런데 아버지가 갑자기 벌떡 일어나더니 소리 나는 쪽으로 달려갔다. 나는 기다렸다. 돌아온 아버지는 자그만 노루를 등에 지고 있었다. 노루가 죽어 있었고 개가 옆에서 헐떡이고 있더라는 것이다. 아버지는 작대기로 개를 쫓았고 노루는 우리 차지가 되었다. 또 한번은 내가 가문비나무 수풀에서 죽은 멧돼지를 발견했다. 숲에서 사냥하던 영국 군인들의 총에 맞아 다친 뒤에 그곳에서 죽은 모양이었다. 겨울이었고 나는 마을에 있는 학교를 걸어서 오갈 때 그 주변에서 큰까마귀가 우짖는 소리를 몇 차례 들었다. 그래서 뭘까 싶어 찾아 나섰다가 멧돼지를 발견한 것이었다. 멧돼지는 얼마간 뜯어 먹힌 상태였지만 궁둥이 쪽에는 지방이 좀 남아 있었다. 그런데 우리가 거둔 횡재 중에서도 최고는 그야말로 우연한 발견이었다. 내가 한 살 어린 여동생 마리아네와 함께 숲으로 땔감을 거두러 갔을 때였다. 땔감 모으기는 우리가 매일 담당하는 집안일이었다. 그날 우리는 개울가에 자란 키 큰 오리나무들 옆에서 죽은 엘크를 발견했다. 갓 죽은 주검이었다. 우리는 오두막으로 달려가서 부모님에게 알렸고, 부모님은 서둘러 달려와서 덤불로 사체를 가렸다. 흡사 고양이가 먹이를 숨기거나 큰까마귀가 고깃덩어리를 은닉해두는 것처럼(이 이야기는 다음 장에서 할 것이다).

인간이 변형시킨 숲이 아니라 늑대, 하이에나, 검치호랑이가 서식하던 야생의 북부 생태계였다면, 우리가 그런 횡재를 거둘 일은 없었을 것이다. 덩치 큰 포식자나 청소동물이 먼저 사체를 차지했을 테니까. 그야 어쨌든 우리는 발견한 것을 빼앗기기 전에 얼른 옮기거나 숨겨야 했다. 큰까마귀가 나타난다면 우리 노획물을 먹는 것은 물론이거니와 다른 인간 청소동물에게 위치를 노출시킬 테니까. 다른 인간 청소동물이란 주로 공무원들로, 그들은 그 귀한 물건을 압수하여 자기들이 차지할 것이었다.

나는 메인 대학에 다닐 때도 죽은 동물을 거둬 먹었다. 주로 차에 치여 죽은 동물이었다. 내게는 사냥철에 직접 쏘아 잡은 뇌조, 토끼, 사슴 못지않게 그런 사체도 귀했다. 식료품에 돈을 한 푼이라도 아낄 수 있다면 좋았으니까. 요즘은 차에 치여 죽은 동물을 전혀는 아니지만 거의 먹지 않는다. 그런데 요즘도 다른 나라에는 전쟁 직후의 우리 가족처럼 이것저것 따질 여유가 없는 사람이 많다. 예전에 《내셔널 지오그래픽》에 아프리카 사람들이 코끼리 사체를 거두는 모습을 찍은 사진이 실렸는데, 그 사진이 암시했던 것처럼 갓 죽은 큼직한 사체란 절실한 끼니를 여러 끼 해결할 수 있다는 뜻이다. 최근에 데이비드 챈슬러가 찍은 사진도 있다. "로버트 무가베 치하에서 살아남으려고 애쓰는" 짐바브웨 사람들이 죽은 코끼리 하나에 잔뜩 몰려 있는 모습이다. 챈슬러는 이렇게 설명했다. "동튼 직후, 마을 사람 하나가 자전거를 타고 지나가다가 사체를 봤다. 그곳은 허허벌판이었지만 15분 만에 사방에서 수백 명이 나타났다. 여자들은 코끼리를 동그랗게 둘러쌌고, 남자들은 그 속에서 서로 싸우고 칼로 찌르며 고기를 차지하려고 했다." 큼직한 코끼리 사체는 주로 하나의 종에 의해서, 즉 인간에 의해서 삽시간에 처리되었을 것이다. 그곳에 모인 군중에게는 사체를 가를 칼이 있었고, 사자 떼가 나타나서 가로채려고 할 경우에 대비하여 창이나 총도 있었다. 도구가 있으면 달라진다.

나는 어릴 때 살았던 한하이데 숲에서 옛 사람들이 사용했던 것 같은 뗀석기를 자주 발견했다. 그 시절의 나는 무의식중에 홍적세 인류의 심리 상태와 긴밀한 동맹을 맺고 있었다. 이후 수십 년간 문화에 길들여지면서 흔히들 말하듯이 본성이 향상되었기 때문에 지금은 그 심리가 다른 차원으로 승화되거나 다른 방향으로 표출될 수도 있겠

제1부. 작고 큰 것

지만, 설령 그렇더라도 그다지 많이 달라지진 않았을 것이다. 과거에 나는 뼛속까지 철저한 포식자였다. 나는 무기에 집착했다. 꼬마였을 때는 무기라고 해야 잭나이프, 그리고 학교 친구들이 어디선가 구해온 빨간 고무 튜브로 만든 새총뿐이었지만 말이다. 나는 새총을 업그레이드하는 데 쓸 '완벽하게' 갈라진 나뭇가지와 고무 조각을 찾으려고 항시 눈에 불을 켜고 다녔다. 요즘도 새총으로 쓰기에 완벽하게 잘 갈라진 작대기를 보면 저릿한 향수를 느낀다. 십 대에는 창과 활과 화살에 매료되었고, 그 뒤에는 다람쥐나 토끼를 잡는 데 쓰는 22구경 볼트액션 단발 라이플을 애지중지했다. 요즘은 사슴 사냥용 윈체스터 30-30구경 레버액션 라이플에게만 관심과 존경을 바치는 편이다.

고대 호모속 인간이 한하이데 숲에서 적당한 묘목을 찾아서 창을 깎는 장면을 상상해보자. 늦어도 40만 년 전부터 북유럽에 살았던 호모 에렉투스는 실제로 거의 틀림없이 창을 비롯한 여러 무기를 갖고 있었을 것이다. 그 시절에는 사자가 먹잇감의 뒤를 밟았고, 매머드가 평원에 점점이 흩어져 있었지만, 죽은 동물이 형체를 고스란히 간직한 채 쓰러져 있어 인간이 거저 차지하는 경우는 극히 드물었을 것이다. 어떤 사체든 인간은 싸워서 쟁취해야 했을 것이다. 다른 데로 옮기거나 감출 수 없을 만큼 눈에 띄는 사체라면 더더욱.

호모속 계통의 인류는 홍적세가 시작된 무렵, 그러니까 지금으로부터 약 170만 년 전에 아프리카를 벗어나 다른 지역으로 진출했다.

호모속은 오스트랄로피테쿠스라고 불리는 작고 호리호리한 호미니드로부터 100만 년쯤 진화한 상태였는데, 그 오스트랄로피테쿠스도 이미 석기를 만들 줄 알았고 큰 동물을 먹을 줄 알았다. 이족 보행을 하되 유인원에 가까웠던 생물체가, 하물며 다른 주요 포식자들이 진화시킨 날카로운 발톱과 이빨도 없었고 덩치도 작았던 생물체가, 어떻게 더 우월한 사냥꾼이 죽인 동물을 찾아서 찌꺼기를 먹는 것 이상의 능력을 발달시켰을까? 빠른 영양, 큰 하마, 공격적인 버펄로, 코끼리처럼 물경 수천만 년 동안 사자, 표범, 검치호랑이와 부대끼면서 단련된 먹잇감들을 어떻게 제압했을까?

한 시나리오는 그들이—그러니까 우리가—큰 동물을 사냥하지 않았다는 가설이다. 하지만 현생 유인원을 연구한 관점에서 바라보는 크레이그 스탠퍼드와 남아프리카에서 자라 독학으로 고고학을 배운 자연사학자 바즈 에드메아데스는 우리가 처음부터 주로 사냥으로 먹고살았다고 주장한다. 동물이 그냥 픽 쓰러져 죽는 일은 많지 않았을 것이다. 설령 그렇더라도 그 사체가 인간에게 돌아오는 일은 드물었을 것이다. 큰 동물은 살았든 죽었든 거대한 고깃덩어리이다. 그러므로 가지각색의 강력한 포식자가 넘치는 자연 생태계에서 큰 동물은 약해지기가 무섭게 얼른 살해되어 먹혔을 것이다. 따라서 모든 사체는 어떻게 죽었든 간에 강력한 사냥꾼들의 통제를 받을 가능성이 높았을 것이다. 일단 포획물을 손에 넣은 강력한 사냥꾼들은 자신이 이미 그것에게 막중한 자원을 투자하기도 한 터라, 자신의 먹잇감 목록에도 올라 있는 쥐방울만 한 호미니드에게 순순히 양보할 리 없었을 것이다. 그러니 당신이 호미니드이고 고기가 먹고 싶다면, 사자 떼와 대결하는 대신 스스로 사냥꾼이 되는 편이 낫겠다고 결정할지도 모른다. 설령 호미니드가 갓 죽은 동물을 발견했더라도 큰 포식자가 나타나기 전에 고기를 손에 넣어야 했을 것이다. 호미니드에게는 고양이, 하이에나, 늑대의 크고 날카롭고 뾰족한 이빨이 없었으므로 날카로운 절단 도구를 마련하는 것이 중요했다. 도구는 호미니드가 동물을 죽이게끔 도와주었고 나아가 기꺼이 죽이려는 성향을 갖게끔 만들었다. 한하이데 숲에서 우리 가족에게 칼이 있어 천만다행이었다. 칼이 없었다면 숲에서 발견한 죽은 동물을 이용할 길이 없었을 것이다.

그러나 초기 인류가 사냥꾼이 되기 위해서는 또 다른 장점도 있어야 했을 것이다. 결코 눈부시다고는 말할 수 없는 달리기 속도를 보완하는 장점이. 현재 통용되는 가설은 인간이 더운 대낮에 사냥함으로써 대부분 야행성인 다른 포식자와의 경쟁을 줄인 점, 그리고 큰 먹잇감을 쫓을 때 지구력 면에서는 다른 포식자에게 맞먹었고 심지어 능가했던 점이 유리하게 작용했으리라는 것이다. 호미니드는 나무를 타서 포식자(겸 경쟁자)에게서 벗어날 수 있었을 것이다. 그러나 호미니드이든 호미니드와 경쟁하는 육식동물이든, 먹이를 잡기 위해서는 결국 땅에서 각자 이점을 발휘할 줄 알아야 했을 것이다. 고양이과 동물에게는 속도가 있었다. 그리고 호미니드에게는 지구력이 있었다.

대형 사냥감은 몸을 숨기지 못한다. 자신이 어디에서 왔고 어디로

가는가 하는 단서를 풍성하게 남기니 자취를 쫓기가 쉽다. 또한 대형 사냥감은 큰 덩치 때문에 조금만 움직여도 과열되기 쉽다. 이족 보행을 했고 벌거벗었던 호미니드는 머리와 어깨에 난 털로 열을 차단하고 살갗으로 땀을 흠뻑 흘림으로써 체온을 낮게 유지할 수 있었다. 그래서 무더운 대낮에 탁 트인 벌판에서 사냥한다는 새로운 생태적 지위를 개척했다. 이족 보행과 체온 조절 능력 덕분에 먹잇감보다 오래 달릴 수 있었으며, 무언가를 움켜쥘 줄 아는 두 손은 내내 자유로웠으니 위협을 피해 나무를 오르거나 공격 무기를 만들고 휘두를 수 있었다.

돌멩이를 던지거나 작대기로 공격하고 방어하는 등 도구를 이용하게 되자, 지능이 자기 강화적인 상승 곡선을 그리면서 갈수록 높아지는 진화의 경주가 개시되었다. 왜냐하면 사냥 게임에서 중요한 능력은 성 선택에서도, 즉 짝짓기 게임에서도 통하는 능력이었을 게 분명하기 때문이다. 초기 인류의 헐벗은 몸은 장점이 되었고, 그 덕분에 더 날렵하고 큰 먹잇감이라는 고기 저장고의 문을 딸 수 있었다. 그가 죽인 먹잇감이 클수록 그가 받는 사회적 칭찬이 커졌다. 예나 지금이나 마찬가지로, 또한 다른 포식자들과도 마찬가지로 사냥에서 느끼는 짜릿함은 성공을 보장하는 가장 직접적인 메커니즘이었다. 나중에 이야기하겠지만 인간은 사냥꾼으로서 눈부신 성공을 거둔 게 확실하다. 심지어 코끼리를 대상으로 해서도. 다만 오늘날 아프리카에서 살고 있는 코끼리 종류를 말하는 것은 아니다.

제1부. 작고 큰 것

어떤 사람들은 아프리카가 여태 '홍적세 동물상'을 간직하고 있다고 말한다. 아프리카의 동물상은 경외감을 일으킨다. 시어도어 루스벨트는 이렇게 썼다.

눈으로 직접 보지 못한 사람은 [케냐 나이로비 근처] 카피티 평원과 아티 평원과 그곳을 둘러싼 언덕에 사냥감이 얼마나 많은지 도무지 상상하지 못할 것이다. 평원에서 흔한 사냥감은, 그러니까 내가 카팅가와 주변 지역에 있을 때 많이 봤던 동물은 얼룩말, 검은꼬리누, 사슴영양, 그랜트가젤, '토미'라고 불리는 톰슨가젤이었다. 얼룩말과 사슴영양이…… 압도적으로 많았다. 그 밖에도 임팔라, 리드벅, 다이커, 스틴복, 딕딕영양이 있었다. 우리가 사냥 여행을 하는 동안에 사냥감이 시야에 없었던 순간은 거의 없었다.

예전부터 사람들은 아프리카에 이처럼 풍부한 영양, 얼룩말, 기린에 더하여 유인원, 코끼리, 하마, 들개, 표범, 치타, 사자, 하이에나까지 포함한 동물상을 원시로부터 존재했던 동물상으로 여겼다. 그러나 사바나가 약 1,000만~500만 년 전부터 아프리카에 존재했던 것은 사실이라도, 현재 그곳에서 사는 동물들은 과거에 살았던 동물들을 어렴풋이 닮았을 뿐이다.

맨 먼저 멸종한 것은 죽이기 쉬운 큰 동물들이었다. 호미니드는 그동안 여러 계통으로 진화했고, 오스트랄로피테쿠스의 진화적 후손은 결국 몸집이 크고 뇌도 크고 활발하게 움직이는 호모 에렉투스가 되었다. 호모 에렉투스는 불을 다스렸고, 말도 했을 것이며, 돌로 자르고 꿰뚫는 도구를 만들었고, 아프리카 바깥으로 퍼졌고, 코끼리만 한 동물을 사냥했다.

작고한 인류학자 폴 마틴이 처음 설명했듯이, 호모 에렉투스는 지구 전체로 퍼진 치명적 사냥꾼이었다. 그들이 새로운 대륙으로 건너갈 때마다, 원래 그곳에서 살고 있던 근사한 대형 동물상이 그들의 도착과 함께 금세 멸종했다. 그중에는 수많은 종의 코끼리도 있었다. 제일 유명한 것이 매머드다. 칼 에이클리는 탐험가이자 전리품 사냥꾼으로서, 그가 사냥했던 코끼리나 기타 아프리카 동물의 골격들이 뉴욕 국립자연사박물관에 생생하게 전시되어 있다. 그런 그에 따르면 그가 목격한 코끼리 중 제일 큰 것은 어깨까지 높이가 3.5미터나 되었다. 소문으로 들은 것 중에서 제일 큰 코끼리는 "엄니가 묵직하니 꽤 커서 36킬로그램이나" 나갔다고 했다. 그러나 호모 에렉투스가 죽였던 매머드는 이런 아프리카코끼리와 비교한다 해도 거인이었다.

에이클리는 현대의 아프리카코끼리를 죽이는 일이 쉽지 않음을 깨우쳤다. 코끼리 총이 있더라도 마찬가지다. 거의 100년 전에 그는 우간다의 어느 나무 꼭대기에 앉아서 "주변을 달리는 코끼리 250마리를 살펴보았는데, 녀석들이 어찌나 빠르던지 개중에 괜찮은 [박물관 전시용] 표본이 될 만한 녀석이 있는지 없는지 알아볼 겨를도 없었다." 한번은 "쉼 없이 포효하고, 비명 지르고, 덤불이며 나무를 밟아 뭉개는" 코끼리 700마리 한가운데에 선 적도 있었다. 좀 전까지 밀림이었던 곳이 녀석들에게 짓밟혀 평지로 변했다. 또 한번은 늙은 수컷

코끼리가 "코끼리 총을 25발이나 맞고서야 쓰러졌다". 에이클리도 웬수컷이 엄니로 겨냥하며 돌진해 꿰뚫으려는 바람에 죽을 뻔했으나 두 엄니가 에이클리 양옆의 땅바닥에 박히는 바람에 간신히 살았다.

홍적세 인류가 매머드 같은 동물을 창으로 어떻게 죽였는지 상상은 안 되지만, 그들은 분명 그렇게 했다. 현생 아프리카코끼리와 비교할 매머드 성체 표본은 온전한 것이 거의 없다. 그러나 드물게 시베리아에서 발굴된 표본이 있기는 하다(위치가 수시로 변하는 늪에 빠졌거나 얼음장 덮인 호수나 강을 건너다가 얼음이 깨져서 빠진 녀석들이다). 시베리아의 여름이 유례없이 포근했던 1846년, 인디기르카 강을 거슬러 오지로 향하던 증기선 승객들은 소용돌이치는 물에서 긴 갈색 털로 덮인 "거대하고 칙칙하고 괴상한 덩어리"가 위아래로 까딱거리는 모습에 소스라쳤다. 매머드였다. 사람들은 말을 동원해서 사체를 강에서 끌어냈다. 매머드는 키가 4미터에 몸 길이가 4.5미터였고, 엄니 길이는 2.5미터였다. 장관을 목격한 사람들이 매머드의 위 내용물을 조사하는 동안(전나무와 소나무의 새순, 덜 여문 열매가 들어 있었다), 매머드를 끌어올려 눕혀두었던 강둑이 무너져서 사체가 도로 강물에 휩쓸렸다. 역시 시베리아에서 발견된 또 다른 매머드는 영구동토가 녹아서 노출된 사체를 곰, 늑대, 여우가 조금 뜯어먹은 흔적이 있었는데, 엄니 길이가 3미터에 무게가 160킬로그램이었다. 에이클리가 묵직하니 꽤 크다고 했던 아프리카코끼리 엄니보다 4.5배 이상 무거운 셈이다. 옛날 사람들은 그런 거대한 코끼리를 잡아먹는 방법을 알았을까? 직접적인 증거는 매머드 유해에 창 끝에 찔린 흔적이 군데군데 나 있다는 것이다. 그러나 이제 매머드는 사라지고 없으니, 과거에 인간이 몇몇 코끼리 종을 사냥하여 멸종시켰을지도 모른다는 주장에 대한 증거는 정황 증거밖에 없는 셈이다.

북극 툰드라 매머드(맘무투스속)는 늦어도 거의 500만 년 전인 플라이오세부터 살았으며, 최후의 '순간'까지(4,500년 전도 안 되는 시점까지) 버티다가 멸종했다. 그보다 덩치가 훨씬 작은 코끼리였던 마스토돈(맘무트속)은 '겨우' 아프리카코끼리만 했고, 매머드와는 닮은 점이 많지 않았다. 차이는 여러 가지였지만 무엇보다 마스토돈은 이빨 모양이 달랐다. 맘무트는 가문비나무, 전나무, 자작나무가 우거진 한대 숲지에서 서식했던 맘무투스와 동시대에 살았다. 맘무트는 지금으로부터 3,400만 년 전 올리고세부터 여러 형태로 등장했고, 역시 겨우 수천 년 전에야 멸종했다. 이번에도 멸종 시기는 호모속 인간이 도착한 시점과 정확히 일치했다.

초기 인류의 문화와 사냥술은 수백만 년 동안 서서히 발달했다. 나중에 이야기하겠지만, 여기에서 의미심장한 대목은 아프리카코끼리가 초기 인류의 중요한 목표물은 아니었으리라는 점이다. 아프리카코끼리는 지금까지 살아남았으니까. 반면에 가뭇없이 사라진 다른 종들의 운명은 아프리카코끼리보다 훨씬 더 쉬운 상대부터 시작되었다. 어쩌면 코끼리가 아니라 전혀 다른 종이 시작이었을지도 모른다. 거북 말이다. 거북은 인간이 거의 바로 먹을 수 있는 식량이지만, 껍데기에서 살점을 꺼내려면 도구가 필요하다. 비비원숭이나 침팬지가 토끼나 원숭이를 사냥할 때는 도구가 없어도 되지만, 인간의 주된 먹잇감은 도구 없이는 먹을 수도 잡을 수도 없었다.

지금으로부터 500만 년 전, 아프리카에는 대형 거북이 여러 종 살았다. 거북 사냥이란 어쩌다 발견한 사체를 먹는 것과 크게 다르지 않았을 것이다. 거북이 살았든 죽었든 포식자는 거북을 뒤집어서 몸통을 열면 그만이었다. 오스트랄로피테쿠스가 그렇게 했다는 확실한 증거는 없다(어떻게 그런 증거가 남겠는가?). 대형 거북이 300만 년 전에 죄다 사라졌다는 사실 외에는. 하지만 오스트랄로피테쿠스가 왜 거북을 **안** 먹었겠는가? 오스트랄로피테쿠스는 육식을 했다. 그 선사 인류는 약 250만 년 전 플라이오세 후기에 직접 만든 석기로 동물 뼈에 자국을 남겼으며, 모르면 몰라도 바즈 에드메아데스가 '대결하는 청소동물'이라고 명명한 방식으로 활동했을 것이다. 오스트랄로피테쿠스의 뇌는 현생 침팬지의 뇌만 했다. 침팬지 중에는 단단한 흰개미 집에서 흰개미를 끄집어내는 방법을 알아낸 녀석들이 있는데, 긴 나뭇가지를 개미집 구멍에 쑤셔넣었다가 뽑아서 잔가지에 들러붙은 흰개미를 훑어 먹는 것이다. 그리고 침팬지는 문화를 통해서 그 행동을 후대로 전수한다. 플라이오세의 오스트랄로피테쿠스는 거북의 딱딱한 등딱지를 돌로 쳐 깨뜨림으로써 속에 든 살점을 꺼내는 법을 익혔을 것이다. 깨진 돌에는 날카로운 면이 있으니까, 그것으로 고기를 자르거나 작대기를 매달아서 꿰뚫는 데 썼을 것이다.

아프리카에서 거북이 사라졌다고 해서 호미니드가 고기를 간편한 식량으로서 애용하는 습성을 버렸던 것은 아니다. 호미니드 계통은 더 유능한 사냥꾼으로 진화했고 그에 따라 육식도 계속되었다. 프라이부르크 대학의 고고학자 빌헬름 쉴레는—눈 깜박할 사이라고 말해도 될 만큼 가까운 과거인—8,000년 전에 유럽에서 대형 거북이 멸종한 것은 호미니드 탓이었다는 주장을 설득력 있게 펼쳤다. 그 시점은 정확히 호모속 인류가 지중해의 여러 섬에 도달한 시점이었다. 호미니드는 자신들이 새로 정착한 곳에 예전부터 살고 있던 대형 거북을 전부는 아니라도 대부분 멸종시켰을 가능성이 높다. 오늘날은 그런 거북이 딱 한 곳, 최후의 벽지에만 남아 있다. 바로 갈라파고스 제도다. 그곳에서도 아슬아슬한 순간에 엄격한 보호를 받게 되었기 때문에 가능한 일이었다. 요새나 다름없던 섬에 인간이 침입하자마자, 거북은 산 채로 뒤집혀 배에 실려서 신선한 고기를 제공하는 식료품으로 전락했다. 거북은 그런 상황에서 다른 동물보다 더 오래 살기 때문이다.

호미니드는 까마득한 옛날부터 거북을 먹기 쉬운 고깃덩어리로 여겼을 것이다. 거북을 그냥 집어 들기만 하면 되었다. 많은 거북 종이 수백만 년이나 목숨을 부지했던 것은 단순히 오스트랄로피테쿠스가 호모로 진화하는 데 오랜 시간이 걸렸고, 호모속 인류가 태평양의 궁벽한 섬들을 점령하는 데 또 오랜 시간이 걸렸기 때문이다. 한편 아프리카의 주요 대형 동물상은 거북이 멸종하고도 수백만 년이 더 지나서 멸종했는데, 그것은 훗날 오스트랄로피테쿠스를 대체할 호모 에렉투스에 비해 오스트랄로피테쿠스는 코끼리 같은 대형 동물을 잡을 만큼 능숙한 사냥꾼이 못 되었기 때문일 것이다.

(사냥으로 잡았든 죽은 것을 발견했든) 크고 움직이는 먹잇감을 먹기 위한 선결 조건은 적당한 도구였다. 마틴과 에드메아데스가 알려주었듯이, 호모속 인류가 아프리카에 등장하기 전에 그 대륙에는 코끼리를 닮은 동물이 아홉 종쯤 살았을 것이다. 대형 하마도 네 종 살았고, 대형 돼지, 대형 누와 론영양과 세이블영양, 대형 얼룩말과 기린, 고릴라만 한 대형 비비원숭이도 있었다. 인류는 호모 사피엔스 이전에도 큰 동물을 사냥했음에 분명하다. 심지어 코끼리도. 독일 레링겐에서는 주목나무로 만든 50만 년 된 창이 코끼리 유해와 함께 발견되었다. 영국 복스그로브에서는 비슷한 시기의 것으로 보이는 코뿔소 어깨뼈에서 창 자국처럼 보이는 둥근 구멍이 발견되었다. 아프리카를 떠났던 호모 에렉투스의 후예로서 사냥꾼으로 추정되는 인간 종은(종종 호모 하이델베르겐시스라고 불리는 종이다) 지금부터 50만 년 전에 유럽으로 퍼졌는데, 돌로 된 양면 주먹도끼를 만들어 썼다. (그런 도구가 처음 발견된 프랑스 아슐 지방의 이름을 따서) 아슐 문화라고 불리는 석기 문화를 갖춘 당시의 사람들은 주먹도끼를 찍개나 칼처럼 사용해서 죽은 동물을 갈랐을 것이다. 미국 러트거스 대학의 크리스토퍼 레프레와 동료들이 최근 케냐에서 발견한 주먹도끼를 확인한 결과, 그중 일부는 호모 에렉투스의 시절인 176만 년 전까지 거슬러 올라가는 물건이었다.

　큰 먹잇감을 노리고 만든 것이 분명한 고대 사냥 도구 가운데 가장 놀라운 발견은 하르트무트 티메가 1997년에 독일 쇠닝겐 근처 탄광에서 발굴한 물건일 것이다. 약 50만 년 전 전기 구석기 시대에 가문

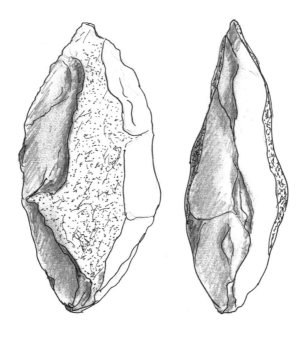

내가 보츠와나 평원을 걷다가 발견한 아슐 주먹도끼. 멀게는 170만 년 전 호모 에렉투스가
만들고 사용했던 물건일 것이다.

비나무와 자작나무가 우거진 한대 기후의 호숫가에 살았던 사냥꾼들은 모닥불의 흔적, 다양한 절단용 석기와 더불어 도살된 동물의 유해도 많이 남겼다. 그중에는 말뿐 아니라 코끼리와 사슴도 있었다. 게다가 사냥꾼들이 정교하게 깎아 만든 창도 여럿 있었는데, 그것들이 지금까지 보존된 것은 물에 잠겼기 때문에 가능한 일이었다. 길이가 최대 2.4미터에 두께가 5센티미터인 창들은 요즘 육상경기에서 쓰는 투창처럼 생겼다. 공기역학적 안정성을 갖추기 위해 무게가 앞쪽 3분의 1 지점으로 쏠린 점도 그렇다. 나무나 동물 유해처럼 썩는 물질은 거의 틀림없이 오래지 않아 사라지기 마련이라는 사실을 고려할 때, 이 발견은 기적이나 다름없었다.

또 다른 발견은 영국 켄트에서 고대에 호수였음직한 지역에서 이뤄졌는데, 살았을 때 무게가 10톤쯤 되었을 것으로 추정되는 코끼리 유해였다(현생 코끼리의 두 배에 해당한다). 코끼리는 약 40만 년 전에 도살된 것이 분명했다. 살점을 자르는 데 쓴 듯한 정교한 플린트 석기가 뼈 주변에서 발견되었기 때문이다. 당시 인간들은 이미 죽은 코끼리를 발견했거나, 스스로를 방어할 수 없는 처지가 된 코끼리를 발견하여 죽였을 것이다. 그러나 어쩌면 사람들이 일부러 사냥해서 잡았을 수도 있다. 정말로 인간이 대형 코끼리의 멸종을 일으킨 원인이었다면, 가끔이나마 틀림없이 그런 사건도 벌어졌을 것이다.

인간은 활로 화살을 쏜다는 혁신적인 발명 덕분에 엘크를 비롯한 큰 동물을 사냥할 강력한 도구를 갖게 되었지만, 이미 멸종한 7종의 매머드, 혹은 마스토돈, 혹은 코끼리를 닮은 다른 10여 종류의 동물에 대해서는 활과 화살도 딱히 효과적이지 않았을 것이다. 코끼리를 죽이려면 그보다 더 강력한 무기가 있어야 했을 것이다. 그것이 창이다. 그런데 에이클리의 아프리카코끼리 사냥 일화가 우리에게 시사하는 바가 조금이라도 있다면 짐작할 수 있듯이, 창을 든 사람 한 명이 고대의 코끼리 한 마리를 마주하기는 여전히 어려웠을 것이다. 하지만 아프리카코끼리는 옛 매머드 사냥꾼이 대면했던 동물을 가늠하기에 적당한 모델이 아니라는 주장에도 일리가 있다. 일단 아프리카코끼리는(현재 두 종이 있다) 멸종하지 **않았다**. 아마도 **인간과 함께 진화했기 때문**일 것이다. 아마도 무기 경쟁의 공진화(共進化)가 있었을 것이다. 인간 사냥꾼이 공격 기술을 서서히 발전시키자, 먹잇감은 더 나은 방어 기술을 진화시켰다. 코끼리는 몸집이 커질수록 유리했을 것이다. 사냥꾼이 더 나은 창을 개발하기 전까지는 그랬을 것이다. 그러자 먹잇감은 가족끼리 뭉쳐 다니는 방법을 익혔을 것이고, 사냥꾼 역시 집단으로 공격하는 방법으로 대응했을 것이며, 그에 대항하여 코끼리는 수백 마리씩 더 큰 무리를 짓게 되었을 것이다. 그 마지막 단계 덕분에 마침내 코끼리는 창만 갖춘 인간에게는 시달리지 않게 되었다. 코끼리의 조심성, 공격성, 무리의 다른 개체를 돕는 응집력도 100만 년, 혹은 그보다 훨씬 더 짧은 시간 동안 호미니드의 사냥에 시달린 데 대한 반응으로서 선택압을 통해 갖춰진 결과였을지 모른다.

그러나 지상의 모든 코끼리가 호미니드의 사냥이 가한 선택압을 겪으면서 진화한 건 아니었다. 따라서 아프리카를 **벗어났던** 인류는

제1부. 작고 큰 것

자신이 막 떠나온 치열한 경쟁의 세계와는 전혀 다른 세계를 접했을 것이다. 많은 사냥감 동물에게 호미니드의 도착은 아메리카 대륙에 천연두 바이러스가 상륙한 것이나 마찬가지였을 것이다. 아니면 건조한 초원에 들불이 번지는 것과 같았으리라.

동물이 인간으로부터 고립되어 살다 보니 인간에 대한 방어 능력을 갖추지 못한 현상은 찰스 다윈의 『비글호 항해 일기(1831~1836)』에 잘 묘사되어 있다. 아래에 인용한 글은 1835년 9월 17일의 일기이다. 비글호가 갈라파고스제도의 세인트스티븐 항구로 들어갔을 때, 그곳에는 미국 고래잡이배가 정박해 있었다. "만에는 동물이 우글거렸다. 물고기, 상어, 거북이 사방에서 퐁퐁 고개를 내밀었다. 사람들은 얼른 낚싯줄을 내걸었고, 길이가 2피트, 심지어 3피트나 되는 훌륭한 물고기를 엄청나게 많이 잡았다. 사람들은 그 재미에 다들 아주 즐거워했다. 사방에서 떠들썩한 웃음소리와 물고기가 묵직하게 퍼덕거리는 소리가 들렸다. 저녁 식사 후에 한 무리는 거북을 잡으려고 육지에 내렸지만 성공하진 못했다……. 거북이 하도 많아서 배 한 척이 500~800마리를 금방 잡을 수 있었다." 젊은 다윈은 잠시 후에 이어서 썼다. "작은 새들이 3피트나 4피트 떨어진 덤불에서 조용히 깡충거리며 돌아다녔다. 우리가 돌을 던져도 새들은 무서워하지 않았다. 킹 씨는 모자로 한 마리를 죽였고, 나는 총 끝으로 나뭇가지를 밀어서 커다란 매를 떨어뜨렸다." 작은 새나 매의 자리에 매머드를 대입해서 읽어보라. 그런 동물들이 사람을 두려워했으리라고는 상상하기 어렵다.

포식자에 대한 두려움은 생존의 기본 전략이다. 동물은 아마도 직접 겪은 경험을 통해서, 혹은 다른 개체로부터 받은 문화적 학습을 통해 두려움을 알게 되고, 결국 유전적 변화까지 일으킴으로써 그 행동을 획득한다. 인간이나 다른 주요 포식자들에게 두려움은 양날의 검이다. 우리가 무기를 갖기 전에는 우리보다 더 강한 육식동물이 우리를 먹이로 삼았다. 자신이 죽인 동물을 미끼로 삼아서 우리를 꾀어들일 수 있다면 더욱 쉬웠으리라. 우리는 그들을 두려워해야 했다. 그런데 우리가 창과 독화살을 만들어 쏘자, 이제는 그들이 우리를 두려워해야 했다. 그들은 마치 제복을 입은 경찰이 눈에 띄었다 하면 냉큼 도망치는 강도처럼 우리가 보였다 하면 도망치게 되었다. 최근까지만 해도 동아프리카의 마사이 부족이 창을 들고 사자 사냥에 나서면, 사자들은 부족 고유의 붉은 옷이 눈에 들어오는 순간 얼른 달아났다. 남아프리카 토박이로서 탐험가 겸 작가였던 라우런스 판 데르 포스트가 50여 년 전에 쓴 글에 나오는 이야기인데, 남아프리카에 살았던 그의 할아버지에 따르면 (독화살로 무장한) 부시먼 부족은 사자가 사냥에 성공한 것을 보면 연기와 불을 피워서 사자를 쫓아내고 남은 동물 사체를 자신들이 먹었다고 한다. 인류학자이자 작가인 엘리자베스 마셜 토머스는 부시먼 부족이 사자를 포획물에서 쫓아내는 일은 양쪽의 합의에 따라 이뤄지는 것처럼 보인다고 말했다. 그러나 그 합의란 부시먼의 무기와 꾀에서 비롯한 문화적 조건화였을 가능성이 높다. 더구나 총으로 무장한 오늘날의 인간은 포식 동물이 잡은 사냥감을 가로채기가 한층 더 쉬울 것이다. 초기 인류는 그런 호사를 누릴 수 없었지만 말이다.

두려움, 혹은 날카로운 경계심은 움직임을 거치적스럽게 만드는 몸 구조와 마찬가지로 에너지가 많이 드는 일이다. 대형 거북은 두려움을 느꼈을 것 같지 않다. 갑옷도 있었고, 고립되어 살기도 했으니까. 껍데기 속으로 고개를 쑥 집어넣으면 그만이었을 테니까. 코끼리는 덩치가 워낙 크다 보니 처음에는 인간을 위협으로 여기지 않았을 것이다. 인간은 코끼리에게서 몇 미터 떨어진 곳까지 접근할 수 있었을 테고, 용감한 사람이라면 최근까지도 아프리카 피그미 부족이 그랬듯이 배 바로 밑으로 가서 찌를 수 있었을 것이다.

요즘 남자 육상 선수가 쓰는 투창은 무게가 800그램, 길이가 2.5미터다. 독일에서 발견된 40만 년 된 가문비나무 창도 비슷하게 생겼다. 현재 투창 세계 기록은 (독일의 우베 혼이 세운) 104.8미터다. 그러나 요즘의 올림픽 기록을 통해서 고대인이 무기로 썼던 창의 위력을 어림한다면 자칫 과소평가하기 쉽다. 현대의 육상경기용 투창은 비거리뿐 아니라 위력도 일부러 더 줄여 설계한 물건이기 때문이다. (그래서 현재의 세계 기록은 과거 기록보다 오히려 6.32미터가 더 짧다. 혼이 세계 기록을 세우고 난 다음 해, 국제육상경기연맹 운영단이 투창의 비거리를 줄이는 방향으로 설계를 바꿨기 때문이다.) 사냥꾼들은 적어도 3만 년 전부터 팔의 연장(延長)처럼 기능하는 아틀라틀을 창과 함께 썼다. 창의 무게중심 가까이 매는 가죽 끈 아멘툼도 썼다. 그러면 투사체에 회전이 가해지기 때문에 정확성과 갑옷을 뚫는 힘이 크게 늘었다.

현대 인류로 진화한 우리가 창으로 무장한 채 아프리카를 벗어났을 때, 우리 중 일부는 유랑민이었을 것이다. 한 장소에 정착하지 않고, 식량이 많고 적이 없는 장소를 기대하면서 계속 옮겨 다녔을 것이다. 유랑민은 사냥을 자주 해서 식량을 구해야 하는 법이다. 먹고 남은 것은 북쪽에서는 큰까마귀 떼에게, 남쪽에서는 독수리 떼에게 넘겼을 것이다.

도구 사용과 공동체 문화 덕분에, 인간의 영리한 행동은 더 넓게 퍼졌다. 게다가 인간은 필요할 때면 무리 지어 세력을 키울 줄 알았기 때문에, 무시무시한 육식동물들과 대결해야 하는 처지였는데도 불구하고 죽은 동물을 차지할 수 있었다. 물론 제아무리 사냥꾼이라도 자연사한 동물을 발견한다면 당연히 그것도 이용했을 것이다. 그런데 인간이 어떻게 고기를 얻었는가, 인간이 정말로 대형 동물상의 멸종을 일으켰는가 하는 의문과는 무관하게 확실한 사실이 있다. 선사시대 인간은 역사상 존재했던 최고로 큰 육상동물들의 사체를 처리하는 데 있어 누구보다 뛰어난 존재였다는 점이다.

호미니드는 사냥꾼이자 청소동물로서 고기를 먹기 시작하면서부터 고도로 농축된 에너지원을 사용하게 된 셈이었다. 급증한 에너지 덕분에 인간은 더더욱 많은 에너지를 이용하는 방향으로 좀 더 진화했다. 먼저 소화 기관이 축소되었다. 그러자 몸무게가 줄었고, 더 빨리 달리게 되었으며, 뇌도 커졌다. 뇌는 에너지를 엄청나게 잡아먹는 기관이라, 인간의 뇌는 섭취 열량의 20퍼센트를 쓴다고 추정된다. 대개의 동물에서는 에너지를 1퍼센트만 아낄 수 있어도 그 점이 선택

제1부. 작고 큰 것

적 이득으로 작용한다. 그러니 늘어난 에너지 비용에 뭔가 막대한 선택적 이점이 따르지 않는 한, 그런 비용은 금세 선택에서 밀려나 사라질 것이다. 그리고 뇌에게 안정적으로 에너지를 공급할 여력이 없는 종이라면 애초에 큰 뇌를 발달시킬 수 없을 것이다. 인간은 동물 사체로부터 영양분이 풍부한 단백질과 지방을 얻었기 때문에 뇌가 커질 수 있었다. 그러나 그것만으로는 뇌가 커진 이유를 다 설명할 수 없다. 다른 육식동물들의 뇌는 우리만큼 커지지 않았으니까 말이다. 하지만 초기 호미니드는 다른 육식동물들에 비해 물리적으로 무력했으니, 다른 동물들이 갖춘 군비를 대체하기 위해서 지략이라도 발달시켜야 했을 것이다.

침팬지가 흰개미집에 나뭇가지를 꽂았다가 뽑아서 흰개미를 먹는 방법을 터득했듯이, 초기 호미니드는 깨진 돌멩이로 뭔가 자를 수 있다는 사실을 터득했을 것이다(최소한 깨진 돌멩이에 맨발을 다치는 경험이라도 했을 것이다). 그다음 단계는 일부러 돌을 깨서 날카롭게 만드는 것이었고, 그다음은 그것에 작대기를 묶어 반쯤 죽은 동물을 찌르는 것이었으리라. 매머드에게 짓밟히지 않으면서 녀석을 사냥하려면 대여섯 명이 동시에 창을 던져야 했을 것이다. 아니면 매머드를 늪으로 몰아서 빠뜨리거나, 골짜기에 숨었다가 기습해야 했을 것이다. 초기 인류는 이런 사회적 작업에 능했다. 결과적으로는 자기 자신에게도 해로울 정도로 능했다. 그 때문에 적어도 10여 종의 코끼리가 멸종했으니까.

알래스카 대학의 동물학과 명예 교수 R. 데일 거스리가 주장했듯이, 구석기 시대 예술은 우리 선조가 대형 동물에게 집착까지는 아니라도 매력을 느낀 게 분명하다는 사실을 보여주는 증거이다. 큰 동물은 중요했다. 식량으로서만이 아니었다. 그랬다면 동굴 벽화에 말, 사슴, 오록스만 그릴 게 아니라 도토리, 덩이줄기, 밤도 그렸을 것이다. 사냥에는 활, 창, 아틀라틀 같은 도구를 만들고 쓰는 사고 능력, 협동 능력, 소통 능력이 필요하다. 정확한 예측에는 동물의 자취를 세밀하게 이해하는 능력, 상상력을 발휘하면서 다른 한편으로는 끊임없이 현실을 참고하는 능력이 필요하다. 동물에 대한 감정 이입은 거의 당연한 부산물로 따라왔을 것이다. 사냥꾼은 동물의 행동을 이해하고 예측하기 위해서 동물의 '내면으로' 들어가봐야 했을 테니까. 판 데르 포스트에 따르면, 능숙한 사냥꾼인 부시먼 부족은 "코끼리, 사자, 스틴복, 도마뱀이 어떻게 느끼는지를 **아는** 것 같았다." 부시먼 부족은 사냥감을 뒤쫓을 때 지구력이 뛰어나기로도 유명했다. 사냥꾼에게는 힘, 지구력, 시각, 사냥에 대한 열정 외에도 올바른 지식이 필요했다. 대형 동물 사냥은 남자들 사이의 협동과 소통이 없으면 불가능했을 테지만, 한편으로는 여자들과의 협력 관계도 필요했다. 그래야 가죽을 벗기고, 고기를 가공하고, 무두질하고, 옷과 도구와 은신처를 만들 수 있었을 테니까. 거의 모든 동물이 그렇듯이, 인간도 삶의 최우선 과제를 해결하는 능력이 배우자를 선택하는 기준이 되었을 것이다. 그래서 성 선택이 시작되었을 것이다. 오록스를 죽였거나 죽이는 것을 도운 남자는 그렇지 않은 남자에 비해 배우자로 선호되었을 것이고, 가죽을 무두질하여 따뜻한 옷을 지을 줄 아는 여자는 남자의 선호를 받았을 것이다. 과업을 달성하는 능력은 다른 측면에서의 능력과는 무관하게 가치 있게 여겨지는 훈장이었을 것이다. 공작의 꼬리가 알려주듯이, 뭐든 클수록 좋다. 설령 비용이 더 많이 들더라도 그렇다. 이 원칙은 우리에게도 깊이 새겨져 있다. 내가 만난 메인의 (배불리 먹고사는) 사냥꾼 중에서 제 능력이 허락하는 한 최대로 큰 수사슴을 잡을 기회를 일부러 포기하는 사람은 한 명도 없었다. 일부러 제일 작은 사슴을 쏘았다고 자랑하는 사람도 못 봤다.

제일 큰 사냥감을 우러르는 관습은 오늘날만큼이나 옛날에도 강력했을 것이다. 그것이 비단 성공의 잣대였을 뿐만 아니라 생계의 기반이었기 때문이다. 우리는 뉴질랜드에서 여러 종의 모아를 절멸시키고 마다가스카르에서 (최대 450킬로그램까지 나갔던) 코끼리새를 절멸시키는 데 '성공했다'. 코끼리와 대형 거북은 그때 이미 까마득히 잊힌 뒤였다. 누구도 그들에 대해서 가책을 느끼지 않았다.

인간이 아메리카 대륙에 처음 발을 들였을 때, 그래서 매머드와 땅나무늘보가 사라졌을 때, 사람들에게는 아직 한계라는 개념이 없었을 것이다. 최근에 마지막으로 사람들이 아메리카 대륙으로 넘어왔을 때, 아메리카 대륙의 육상동물 가운데 덩치가 가장 컸던 들소마저 더 새롭고 강력한 무기를 갖춘 인간 앞에서는 삽시간에 사라졌다.

'크다'는 말이 개체가 아니라 집단에게 적용되는 경우도 있다. 두꺼운 지방 층이 꼭 밀가루 반죽을 만지는 것 같다고 해서 '반죽새'라고도 불렸던 에스키모마도요(지금은 멸종했다)는 낸터킷에서 엄청난 규모로 살해되었다. 온 섬의 탄약이 다 떨어지자 하는 수 없이 학살을 멈춘 정도였다. 나그네비둘기는 전자 통신과 기차라는 도구 덕분에 사냥꾼들이 대형 번식지로 쉽사리 이동할 수 있게 되자 곧 사라질 수밖에 없는 운명이었다. 큰바다오리와 도도는 한때 섬에서 커다란 무리를 지어 살았으나, 곧 사람들이 배로 쉽게 섬에 접근하게 되었고, 그리하여 새들은 오래전에 모두 사라졌다.

코끼리라는 과제는 애초에 인간을 인간으로 만든 계기였을지 모른다. 또한 우리에게 혁신을 부추김으로써, 결국 그보다 더 큰 사냥감까지 덮치는 존재가 되도록 만들었을지 모른다. 우리는 약 300만 년 전, 혹은 400만 년 전에 고기의 에너지를 이용하기 시작했다. 그럼으로써 하나의 진화적 혁신이 나타나기 무섭게 그로부터 또 다른 진화적 혁신이 생겨나는 현상인 '폭주하는 진화'를 겪었다. 그 과정은 인간의 사회적 진화와 더불어 더 새로운 단계로 이어졌다. 이제 생물학적 진화가 아니라 문화적 진화를 겪게 된 것이다. 우리는 3억 년 된 식물의 잔해, 특히 나무의 잔해를 재활용하여 얻은 막대한 에너지를 끌어들임으로써 문화적 진화에 시동을 걸었고, 이후에도 역시 그 에너지로 유지했다. 화석 에너지를 가공하는 능력은 철을 제련하는 능력으로 이어졌고, 덕분에 더 많은 도구를 만들어서 더 많은 에너지를 뽑아내는 길이 열렸다. 오늘날 이런 과정들은 고대의 소철, 속새, 목본 양치류를 연료로 삼아서 우리의 농장과 공장에 에너지를 제공한다. 우리는 시대를 불문하고 언제나 궁극의 청소동물이었다. 석탄림은 물론이거니와 지구의 동물 생물량 중에서 막대한 부분이─즉, 가축으로 사육되는 조류와 포유류가 (또한 점점 더 많은 어류가)—재순환을 거쳐 지속 가능한 지구 생태계로 돌아가는 게 아니라 **우리에게로** 곧장 들어오고 있다. 우리가 '성장'을 멈추려고 의식적으로 노력한다는 증거는 아직까지 없다. (어쩌면 중국인은 예외겠지만) 아직도 사람들은 개개인의 선택과는 무관하게 온 인류가 고수해야 할 인구 한계가 있다는 사실을 뼈저리게 실감하지 못하고 있다. 우리의 도구 상자가 어린아이 손에 들린 성냥갑이 되어버렸다는 사실도 깨닫지 못하고 있다. 우리가 늘 더 많은 자원을 추구하는 욕구를 억제하기란 영영 불가능할 것이다. 그러나 우리는 성장을 멈출 수 있으며, 그렇게 한다면 더 많은 선택의 자유를 누릴 수 있을 것이다.

제2부

~~~~~

북쪽과 남쪽

내가 이 글을 쓰는 지금, 메인은 5월 중순으로 접어들었다. 주변 자연은 불과 한 달 전과는 극적으로 달라졌다. 색채가 새로운 차원으로서 등장했다. 두 주 전, 회갈색 나무들이 우거진 언덕 여기저기에 붉은 얼룩처럼 아메리카꽃단풍 꽃이 피어났다. 그로부터 일주일 뒤에는 연노랑 점을 찍은 듯한 사탕단풍 꽃이 섞였고, 하루이틀 뒤에는 솟구치는 초록 파도에 걸친 흰 천처럼 새하얀 채진목 꽃이 흩뿌려졌다. 채진목 열매는 아직 푸르지만, 채 익기도 전에 각양각색의 새들이 대부분 따 먹기 마련이다. 채진목은 예배나무라고도 불린다. 꽃이 피는 시기가 전통적으로 겨울에 죽은 사람을 떠나보내는 장례 예배가 열리던 시기였기 때문이다. 콘크리트처럼 딱딱하게 얼었던 땅이 녹는 봄까지 시신을 보관했다가 그제야 장례를 치르는 것이었다.

북쪽 지방에서는 새 생명이 시작되고 죽은 생명이 처분되는 시기가 계절의 주기를 띠고 반복된다. 그 주기를 제일 잘 보여주는 달력은 철따라 꽃을 피우는 나무들이다. 하지만 이 달력은 지역마다 다르다. 그리고 매장은 자연의 장의사 동물들이 활동할 때만 벌어진다. 내가 사는 북쪽 지방에서는 겨울이나 초봄에는 송장벌레가 나다니지 않는다. 세균에 의한 부패도 거의 혹은 전혀 진행되지 않는다. 파리나 구더기도 없다. 독수리는 겨울을 나러 내려간 남쪽 지방에서 아직 돌아오지 않은 상태다. 주요한 장의사들 중에서 겨울에도 계속 활동하는 것은 몇몇 포유류와 큰까마귀뿐이다.

4

북방의 겨울:
새들의 세상

우리가 무언가를 사랑할 땐 있는 그대로를 사랑하는 것.
- 로버트 프로스트, 「청개구리 개울」

죽은 동물의 처리에 영향을 미치는 여러 변수 중에서도 지대한 영향력을 발휘하는 요소가 온도이다. 온도가 낮으면 세균이 증식하지 않고, 청소동물 곤충이 날지 않으며, 머리가 헐벗은 독수리는 남쪽으로 날아가지 않으면 얼어 죽을 것이다. 내가 7월에 죽은 사슴을 내놓았을 때는 유례없이 높은 기온 때문에 파리가 떼로 몰려와서 새와 포유류를 비롯한 다른 경쟁자들을 압도했다. 그러나 같은 장소에 같은 사슴을 가을이나 겨울에, 혹은 초봄에 내놓았다면, 사체는 아마도 큰까마귀들의 '풍장(風葬)'으로 대부분 처분되었을 것이다.

그런데 북쪽 지방에서 사체 처리에 첫 순서로 나서는 동물은 큰까마귀가 아니라 늑대, 대형 고양이, 코요테다. 이들은 쇠약해진 동물을 죽이거나 굶주림, 노령, 질병으로 죽어 있는 동물을 찢어발김으로써 사체를 맨 먼저 제공하는 역할을 한다. 뒤이어 나서는 것은 여우와 족제비류(울버린, 피셔, 담비, 족제비)이고, 이따금 흰머리수리나 검독수리 같은 대형 맹금류도 참가하며, 큰까마귀와 까치가 그 뒤를 따른다. 마지막으로 어치, 박새, 가끔은 딱따구리와 동고비가 끝까지 남은 부스러기를 쪼아 먹는다.

한때 북아메리카에 존재했던 장엄한 대형 동물상을 잔재나마 간직한 몇 안 되는 장소 중 한 곳이 와이오밍 주 옐로스톤 국립공원이다. 지금도 그곳에는 사슴, 엘크, 들소가 살고, 그들의 사냥꾼 겸 청소동물로 활약하는 곰, 갯과 동물, 족제비류, 큰까마귀, 까치, 수리도 산다. 요즘은 최근 생태계에 재도입된 늑대가 최상위 포식자다. 사실 늑대는 늙고 병든 먹잇감을 우선적으로 죽이므로 포식자라기보다 열의가 지나친 '장의사'처럼 기능할 수도 있다. 이것은 우리가 흔히 생각하는 의미의 '자연사'가 실제로는 드물다는 의미에서 하는 말이다. 으레 그렇듯이, 사체 처리에 참가하는 동물들은 대체로 순차적으로 작업하지만 서로 겹칠 때도 있다. 갓 죽은 엘크나 들소의 주검을 늑대가 한창 찢어발기는 와중에도 큰까마귀나 까치가 떼로 날아와서 연회에 참가한다. 검독수리나 흰머리수리가 한 마리씩 날아와서 합류할 수도 있다. 사체는 하루 만에 살점이 홀딱 발려진다. 옐로스톤은 한때 북쪽 지방에 존재했던 낙원을 조금이나마 맛보게 해주는 표본이다.

옛날에는 그런 곳에서 사람들이 언덕에 오두막을 짓고, 엘크를 필요한 만큼 사냥하고, 송어를 낚고, 가을에는 나무딸기를 따고, 여름에는 채마밭을 가꿨으며, 마지막에는 자신이 취한 것에 대한 대가로 자신의 몸을 남겼다. 이제는 그런 곳이 최소한 인간의 관점에서는 주로 구경만 하는 용도로 보존되고 있다.

사람은 모름지기 가진 것에 만족해야 하는 법. 나로 말하자면, 구경도 하고 활동도 할 수 있는 곳으로서 메인 주로 타협한 것이 썩 나쁘지 않은 선택이었다. 메인의 천연림에는 무스, 사슴, 검은곰이 산다. 늑대 같은 갯과 동물도 지난 반세기 동안에 돌아왔다. 북쪽 지방에서 으뜸가는 장의사로 활동하는 큰까마귀도 돌아왔는데, 큰까마귀의 생존에 필요한 중간 고리를 코요테가 담당해주었기 때문이다. 코요테는 추위에 쇠약해져 죽은 사슴의 배를 갈라 큰까마귀가 겨울에 먹이를 먹을 수 있도록 돕는다. 그리고 큰까마귀는 반드시 겨울에 둥지를 틀어야 한다. 그래야만 1년의 여유를 갖고서 새끼가 자립할 때까지 길러낼 수 있다. 나는 이 숲을 사랑한다. 숲에 있으면 편안하다. 숲은 틀림없이 나보다 더 오래 살 것이기 때문이다. 따라서 코요테와 사슴과 큰까마귀도 그럴 것이다.

예전에 나는 큰까마귀를 이해하기 위해서 녀석들과 함께 살았다. 녀석들을 가까이 관찰하기 위해서 내가 사는 곳으로 꾀어들이고 가끔은 길들이기도 했다는 뜻이다. 나와 동료들이 메인의 겨울 숲에서 최후의 운명을 지켜보았던 사슴, 무스, 기타 야생동물이나 가축 중 압도적 다수가 결국 큰까마귀에게 먹혔다. 우리에게는 또한 큰까마귀가 20년이 넘는 일생에서 어떻게 소통하고 행동하는지 알려주었던 큰까마귀의 오래된 친구들이 있다. 에드거 앨런 포는 그의 유명한 시에서 이렇게 읊었다.

……나는 공상과 공상을 이어가며,
이 불길한 태고의 새가,
이 음침하고 볼품없고 섬뜩하고 수척하고 불길한 태고의 새가
'이제 끝'이라고 울어대는 의미가 무엇일까 생각하네.

큰까마귀가 "침실 문설주에" 앉았다고 묘사한 포는 이 새를 실제로는 한 번도 보지 못했던 게 분명하다. 아니면 그가 본 새가 그의 침실 문설주에만 너무 오래 앉아 있었거나.

2010년 11월 중순, 전형적인 늦가을 날이다. 나는 사슴 사냥에 나선(그렇다고 해서 꼭 발견해야 하는 건 아니고 꼭 쏴야 하는 건 더더욱 아니다) 조카와 함께 캠프에 있다. 다른 친구들도 함께 있다. 이 친구들이 없다면, 여기에서 보내는 며칠이 이토록 쾌활하고 만족스럽지는 못할 것이다. 큰까마귀 친구인 골리앗과 화이트페더도 곁에 있다. 적어도 나는 그렇게 믿는다. 이제는 녀석들을 제대로 알아볼 수 없지만, 그래도 상관없다. 만일 지난 20년 동안 둘 중 한쪽이 다른 새로 교체되었더라도, 새 새도 원래 새만큼 좋은 녀석일 것이다. 내가 그동안 만났던 수많은 큰까마귀 중에서 내 맘에 들지 않은 녀석은 한 마리도

제2부. 북쪽과 남쪽

없었다.

나는 골리앗이 새끼였던 1993년 봄부터 녀석을 키웠다. 새끼 큰까마귀가 다 그렇듯이 녀석은 포동포동해 보였다. 깃털이 다 날 무렵에 새끼는 어른만큼 무겁지만, 날개깃과 꽁지깃은 아직 짧은 편이다. 골리앗은 서툴렀다. 날기 전에는 뒤뚱뒤뚱 걸었는데, 내가 녀석의 머리를 긁을 때 녀석이 지그시 눈을 감으면서 부드럽고 귀엽게 가르릉거리지만 않았어도 꼭 거드럭거리는 것처럼 보일 몸짓이었다. 골리앗과 그 형제들은 나중에 내 사육장에서 각종 지능 검사를 받았다. 콘칩 쌓기, 도넛 여러 개 한 번에 나르기, 긴 줄에 매달린 살라미 낚기 등등의 문제를 풀었다. 먹이 은닉 행동을 알아보는 실험도 받았다. 큰까마귀의 기억력이 얼마나 좋은지, 큰까마귀가 경쟁자들의 반응을 얼마나 많이 예상하는지 알아보는 실험이었다.

다 자란 골리앗은 모든 큰까마귀가 그렇듯이 힘과 우아함의 전형이었다. 녀석이 긴 날개로 공기를 가르면, 날개를 한 번 칠 때마다 휘익 하는 소리가 났다. 시속 64킬로미터로 수평 순항하는 모습 앞에서는 붉은꼬리말똥가리나 넓은날개말똥가리조차 아마추어 비행사처럼 보일 정도였다. 가끔은 날개를 좍 펼친 채 수리처럼 창공으로 솟았다. 큰까마귀는 날개를 '양쪽으로' 다 쓸 수 있는 종이다.

세 살이 된 골리앗은 스무 마리쯤 되는 야생 까마귀 집단과 함께 메인의 내 사육장에서 살았는데, 그 집단의 다른 암컷과 첫눈에 친해졌다. 나는 골리앗과 그 암컷 화이트페더가 친해진 것을 보고서 사육장의 한 구역을 그들만의 공간으로 내주었다(세 구역으로 이뤄진 사육장은 총 40만 제곱미터 넓이로, 내가 소유한 숲 속에 설치되어 있었다). 녀석들의 구역에는 무성한 가문비나무 수관 아래에, 땅에서 3미터쯤 떨어진 높이로 새집이 한 채 지어져 있었다. 큰까마귀는 야생에서 위가 가려진 낭떠러지 구멍에 둥지 틀기를 좋아하는데, 그런 공간을 본뜬 것이다. 두 새는 1996년에 그 새집에 둥지를 틀었다.

화이트페더는 둥지에 알을 네 개 낳았다. 두 새는 그중 두 마리를 새끼로 길러냈고, 내가 집어넣은 다른 새끼 네 마리도 입양해서 키웠다(버몬트에 있는 내 다른 사육장에서 하우디라는 어미가 버린 새끼들이었다). 나는 메인 사육장의 한 면을 터서, 골리앗과 화이트페더가 바깥으로 나가 새끼들에게 줄 먹이를 직접 찾도록 했다. 두 새는 메인의 숲에서 스스로 먹이를 채집했으나, 골리앗은 새끼들이 다 날게 된 뒤에도 내가 가끔 건네는 공짜 먹이를 기꺼이 받아들였다. 나는 1996년 이후 버몬트에서 살았다. 그러나 큰까마귀들을 자주 찾아갔다. 나는 녀석들의 영역에 다가가서 골리앗의 이름을 불렀다. 그러면 녀석은 근처 숲에서 대답한 뒤에 날아와서 나를 맞았고, 내가 가져온 먹이 선물을 받았다. 그 시절에는 여름이면 아내도 함께 그곳에 머물렀는데, 우리가 오두막 옆 야외에서 불을 피우고 요리를 하면 골리앗은 불판 옆의 커다란 죽은 자작나무에 앉아 있곤 했다. 골리앗의 짝은 좀 더 조심스러워서 우리 눈에 띄지 않는 근처 소나무 숲에 남았다. 그래도 가끔 그곳에서 소리를 냈다.

골리앗은 나이가 들고 우리와의 접촉이 뜸해지면서 독립성이 늘었다. 나는 벌링턴에 있는 버몬트 주립 대학에서 가르쳤는데, 골리앗을 버몬트로 데려갈 수는 없었다. 녀석은 다른 사람들과 어울려 자라지 않았으므로, 난생처음 다른 사람을 접하면 불의의 사건으로 사고를 당할 수도 있었다. 그래도 나는 정기적으로 녀석을 찾아갔고 갈 때마다 먹을 것을 남겼다. 골리앗은 사냥꾼이 되었다. 녀석이 곧잘 앉았던 사육장 근처 아메리카꽃단풍 밑에 큰어치 깃털이나 회색큰다람쥐 유해가 떨어져 있곤 했다. 나는 골리앗이 스스로 먹이를 찾게 되었고 내가 주는 먹이에는 의존하지 않게 되었을 것이라고 짐작했다.

어느 해에는 골리앗이 좌절을 느낀 것 같았다. 내가 평소보다 오래 자리를 비워서 화가 난 모양이었다. 이전에 녀석은 가끔 나를 따라 오두막으로 들어오곤 했다. 녀석은 내가 오두막 안에 있으면서도 나와서 먹이를 주지 않는다고 여긴 모양이었다. 물론 녀석이 정말로 무슨 생각을 했는지 알 도리는 없다. 그러나 녀석이 무슨 짓을 했는지는 안다. 오두막에 가보니 통나무 사이를 메우는 충전재가 잔뜩 뽑혀 나와 있었던 것이다. 이전에는 골리앗이 그걸 한 가닥이라도 뽑은 적이 없었다. 골리앗은 야외 변소에도 들른 것 같았다. 화장지를 뽑아서 줄줄 푼 뒤에 근처 나무며 땅바닥에 넝마처럼 널어두었던 것이다. 그 후로 골리앗은 두 번 다시 나를 찾아오지 않았다. 냉정하게 따지자면 사실 녀석이 떠나는 편이 나았고, 나는 녀석이 떠났으리라고 생각했다.

골리앗이 네 살이던 1997년 가을, 나는 메인에 통 가지 않았다. 갔을 때도 골리앗이나 화이트페더를 보지 못했다. 그러다가 1998년(메인에 대단한 눈보라가 몰아친 겨울이었다) 설 직후, 며칠 뒤 시작될 겨울 생태학 수업을 준비하기 위해 찾아갔다. 이후에도 2주 가까이 큰까마귀를 보지 못했는데, 우리가 막 떠나려던 1월 10일에 난데없이 큰까마귀 두 마리가 나타났다. 나는 녀석들을 보고 굉장히 놀랐다. 두 새는 사육장과 한때 둥지를 틀었던 새집 속에서 시끄럽게 대화했다.

두 새는 다시 둥지를 틀 참이었다. 수컷 큰까마귀가 보통 그렇듯이 골리앗은 과거에 성공을 거뒀던 장소로 돌아오고 싶어 했다. 골리앗은 사육장을 들락날락하면서 옛 둥지를 점검했다. 그러나 암컷은 따라 들어오기를 거부했다. 나는 골리앗을 여덟 달 만에 만난 것이었다. 골리앗은 내게 흥미가 없는 듯했지만, 내 머리 바로 위에 있는 꽃단풍 가지, 그러니까 예전에 녀석이 먹고 남은 다람쥐 잔해를 걸어두곤 했던 좋아하는 자리에 서슴없이 와서 앉기는 했다. 골리앗은 계속 둥지로 돌아올 것을 종용했고, 암컷은 계속 거부했다. 이윽고 4월, 그 지역에서는 둥지를 틀기에 몹시 늦은 시점이었지만, 두 새는 '타협'하여 근처의 큰 소나무 높은 곳에 둥지를 틀었다. 5월 8일에 암컷은 알을 품고 있었다. 그 지역 다른 큰까마귀들의 새끼는 벌써 깃털이 날 시점이었다. 나는 흰 달걀 두 개를 녀석들의 둥지 나무 아래에 놓아두었다. 그런데 그 후에 두 새가 시끄럽게 떠드는 소리가 들렸다. 그러고는 둘 다 둥지를 버리고 떠난 듯했다. 나는 며칠 동안 녀석들을 보지 못했다. 달걀은 큰까마귀가 제일 좋아하는 음식이고, 평소에는 달걀이 그루터기에 덩그러니 놓여 있을 일이 없다. 녀석들이 달걀을 어떻게 생각했는지 모르겠지만, 아무래도 그것 때문에 둥지를

제2부. 북쪽과 남쪽

버린 것 같았다.

나는 둥지로 기어 올라갔다. 알 네 개가 이끼와 사슴 털에 덮여 있었다. 큰까마귀들은 다시는 돌아오지 않았다. 아주 이상한 일이었다. 나는 이전에도 알이 든 큰까마귀 둥지를 수십 개 점검했지만, 어느 경우에도 그 때문에 새들이 둥지를 버린 일은 없었다. 내가 여러 차례 검사해도, 심지어 그냥 달걀이나 새빨간색 혹은 초록색으로 칠한 달걀이나 손전등 전지, 감자, 돌멩이를 집어넣어도 그랬다. 새들은 내가 넣은 것을 뭐든지 잠자코 받아들여 품었다. 나와 소원해진 두 새가 후한 선물을 받은 직후에 둥지를 떠난 이유를 통 알 수 없었다. 야생의 큰까마귀라도 그러지 않을 텐데 말이다. 한때 골리앗은 내가 지속적으로 먹이를 제공하기를 기대했는데, 그러던 내가 갑자기 먹이 제공을 중단하자 녀석은 내 집을 망가뜨리고 나를 버렸다. 큰까마귀는 절대 잊지 않는다. 나는 이제 도둑보다 더 나쁜 놈이 된 모양이다. 그런 내가 갑자기 녀석이 제일 탐내는 맛있는 먹이를 제공했으니, 두 새는 함정이라고 생각했을지도 모른다. 나는 못된 짓만 하는 놈이니까.

새들이 영역을 떠났을까봐 걱정되었다. 그러나 녀석들은 그해에 둥지를 틀진 않았어도 '다툼'은 해결한 것 같았다(아니면 이혼했을 것이다). 이후로 거의 매년 두 새가(혹은 다른 쌍일지도 모르지만) 같은 소나무 숲에서 둥지를 틀었기 때문이다. 두 새는 늘 번식철에 일찌감치 나서서 임무를 완수했다.

짝을 맺은 큰까마귀 사이의 의견 대립은 유별난 경우가 아닐지도

평범한 큰까마귀인 코르부스 코락스. 암수의 얼굴, 그리고 짝을 맺는 암수가 서로 털을 골라 주는 모습. 큰까마귀는 짝을 맺으면 평생 간다.

모른다. 2009년, 버몬트의 우리 집 근처에 있는 작은 낭떠러지에 큰 까마귀 한 쌍이 둥지를 틀었다. 그러나 막 깃털이 난 새끼는 포식자에게 잡아먹혔다. 이듬해 봄, 두 새는 같은 자리에 둥지를 틀기 시작했다. 그러나 반쯤 완성되었을 때 내버리더니 근처 소나무에 새로 짓기 시작해서 완성했고, 그곳에서 성공적으로 새끼들을 키웠다. 2011년 봄, 두 새는 같은 소나무의 같은 가지에 둥지를 반쯤 짓다가 버리고 예전 낭떠러지로 돌아가서 다시 지었고, 그곳에서 새끼들을 다 키워 떠나보냈다.

제2부. 북쪽과 남쪽

2010년 11월인 오늘, 동틀녘이 되자 메인의 오두막 옆 솔숲에서 자는 (새끼를 키울 둥지도 트는) 큰까마귀 한 쌍이 울기 시작한다. 녀석들은 1년 내내 거의 매일 그런다. 누가 무슨 말을 하는지는 모르겠지만, 여러 종류의 울음소리로 몇 분 동안 서로 '대화'하다가, 함께 혹은 따로 날아간다. 그랬다가 저녁에 돌아온다. 큰까마귀들이 그 사이에 어디에 있는지는 모른다. 하지만 내가 낮에 근처 숲에 들어가 있으면 거의 항상 어디선가 큰까마귀 소리가 들린다. 이따금 한 마리가 머리 위를 날기도 하고 두 마리가 날기도 한다. 정확히 알아볼 수는 없지만, 둘 중 한 마리는 골리앗이나 화이트페더일 가능성이 있다. (골리앗이 발목에 찼던 색깔 있는 플라스틱 고리는 지금쯤 닳아서 빠졌을 것이다. 화이트페더가 날개에 찼던 식별표는 금속 리벳으로 조인 것이었는데, 차가운 금속 때문에 주변에 난 깃털이 하얘졌다. 식별표가 떨어진 뒤에 털갈이를 한 번 거치면 원래 색깔로 돌아갔을 것이다.)

오늘 찰리와 나는 큰까마귀들에게 뭔가 선물하고 싶다. 사슴 내장을. 사슴을 잡을 수 있다면 말이다. 2년 전에 사냥에 성공했을 때 우리는 오두막에서 500미터쯤 떨어진 곳에 내장을 쌓아두었고, 큰까마귀들은 한 시간 만에 그것을 찾아냈다. 오늘 아침 7시, 내가 라이플을 쳐든 채 가문비나무에 자리 잡고 앉아 있으려니, 큰까마귀의 강력한 날갯짓 소리가 휘익 휘익 휘익 하고 들려온다. 내가 아는 한 다른 어떤 새도 날갯짓에서 그런 소리를 내지 않는다. 큰까마귀의 힘이 얼마나 대단한지 보여주는 증거다. 새는 바로 내 머리 위를 지나갔는데 나를 알아보는 기색은 없었다. 새는 계속 날아가서 근처에 내렸다.

이후 30분 동안 새는 온갖 형태의 운율과 음조와 억양으로 꽥꽥거리고 꾸룩거리면서 쉴 새 없이 혼잣말했다. 큰까마귀의 이 '노래'는 종소리 같은 소리와 높은 음정으로 꾸룩거리듯 떠드는, 퍽 즐겁게 들리는 소리로 구성되었다. 예전에 내가 큰까마귀들에게 죽은 사슴 같은 매력적인 먹이를 제공했을 때 들었던 소리와 비슷했다. 이 녀석이 즐거운지 아닌지 알 길은 없었지만 적어도 울적하지 않다는 건 확실했다. 어쩌면 녀석은 근사한 식사를 기대하는지도 모른다. 혹시 큰까마귀가 사슴이나 무스를 봤을까? 그리고 여기 사냥꾼이 있으니 그 사실을 제 먹이와 연관시켰을까? 만일 그렇다면, 녀석이 기쁨을 표현하는 소리는 자기 충족적 예언이 될 수도 있다. 큰까마귀가 사슴이나 다른 잠재적 먹이를 보았을 때 즐거워서 그런 소리를 낸다는 사실을 근처에 있던 사냥꾼이 숙지하고 있다면.

큰까마귀의 노래는 20분간 이어졌다. 그때, 미리 약속했던 대로 찰리가 내가 있는 곳으로 왔다.

"큰까마귀 소리 들었니?" 내가 물었다.

"그럼요. 소리 나는 곳으로 가봤는데, 근처에 얼마 안 된 사슴 자취가 있더라고요." 30분 뒤에 우리는 사슴을 잡았다.

큰까마귀의 울음은 어떤 목적을 성취하기 '위한' 의식적 행위 같진 않다. 나는 개똥지빠귀, 휘파람새, 되새의 노래를 기쁨과 활력의 표현으로 여기고픈 마음이 굴뚝같지만, 사실은 그 노래에 짝을 꾀기 '위한' 기능, 영역을 주장하기 '위한' 기능, 경쟁자를 쫓기 '위한' 기능이 있다는 사실을 잘 안다. 그 사실을 인식하여 새들의 노래에서 특정

제2부. 북쪽과 남쪽

기능을 읽어내노라면, 안타깝게도 내 마음에서 새들이 다소 기계적인 존재처럼 느껴진다. 그런데 큰까마귀는 다르다. 큰까마귀의 노래에서는 반드시 어떤 목적을 읽어낼 수 있다고 장담할 수 없다.

내가 그동안 들었던 큰까마귀의 노래는 재즈의 즉흥연주 같았다. 한 악기로 연주하는 것도 아니고, 여러 목소리가 이어 부르는 것 같았다. 큰까마귀는 재미로 그러는 것 같다. 나는 그보다 더 명랑한 새소리를 알지 못한다. 겨울굴뚝새 정도가 있을까. 그러나 만일 굴뚝새가 정말로 재미로 노래하더라도, 둥지를 틀기 전 봄의 짧은 시기에만 표현을 한다. 반면에 큰까마귀는 비록 빈도는 드물어도 연중 어느 때고 노래한다. 큰까마귀의 노래는 놀이다.

놀이는 큰까마귀를 규정하는 특징이며 '순수한' 기쁨의 표현이다. 그 행위를 하는 것 이외의 다른 보상은 필요 없다. 큰까마귀가 나는 모습에서도 그 사실을 알 수 있는데, 연중 수시로 볼 수 있는 광경으로 이런 게 있다. 큰까마귀 한 마리가 어디 목적지가 있는 것처럼 곧바르게 날아간다. 그 모습을 보는 나는 녀석에게 목적지가 있을 거라고 짐작한다. 새는 혼자 꾸륵거리거나 다른 소리를 내느라 골몰한 것 같더니, 갑자기 한 날개를 접어넣고 새까만 폭탄처럼 빙글빙글 돌면서 바닥으로 떨어진다. 그러고는 몇 초 뒤에 날개를 도로 펴서 중심을 잡고, 다시 솟아올라서, 아까처럼 곧게 날아간다. 새는 정말로 활기차 보이고, 보통은 이런 행동을 지켜보는 다른 큰까마귀 관객도 없다.

큰까마귀의 '영혼'이 어떤지 나는 모른다. 그래도 만일 나더러 큰

큰까마귀들이 죽은 엘크를 먹는 모습. 큰까마귀가 먹을 수 있도록 사체를 갈라준 동물들도 함께 있다.

까마귀를 정의하는 특징을 고르라면, 대중문화에서 흔히 큰까마귀를 묘사하는 방식과는 정반대에 해당하는 것을 고르겠다. 큰까마귀는 포가 묘사했듯이 '섬뜩'하고 '음침'하기는커녕 세상에서 제일 명랑한 새다. 특히 잔치를 벌일 가능성을 앞두었을 때는 더욱 그렇다. 큰까마귀는 풍장도 더없이 쾌활하게 수행한다. 나는, 선택할 수만 있다면, 큰까마귀로 환생하고 싶다.

논쟁의 여지는 있지만, 큰까마귀는 북반구에서 제일 중요한 사체 소비자다. 백 번 양보해도 최소한 과거에는 그랬다. 큰까마귀는 까마귀과 중에서도 으뜸가는 사체 처리 전문가다(겨울에는 까치가 2등일 것이다). 다만 큰까마귀는 포유류가 먼저 날카로운 이빨로 사체를 열어준 뒤에야 먹을 수 있다. 겨울에 죽은 동물이 있으면, 보통 포유류가 먼저 나타나고 다음에 까마귀가 온다. 나는 박사후 연구원 존 마즐루프와 함께 메인 숲에서 현장 연구를 하면서 큰까마귀들이 다 큰 무스나 사슴은 물론이고 사산된 새끼 약 200마리, 수많은 염소와 양과 소와 말, 너구리에서 호저까지 차에 치여 죽은 온갖 동물을 처리하는 광경을 목격했다.

큰까마귀가 한곳에 많이 모인 모습은 동물 사체에서, 아니면 집단 보금자리 근처에서만 볼 수 있었다. 집단 보금자리는 큰까마귀들이 밤에 다 함께 잔 뒤에 다음 날 근처의 사체를 먹으러 가는 장소였다. 우리가 큰까마귀를 많이 본 경우에도 한 번에 본 개체수는 보통 50마리를 넘지 않았지만, 우리가 개체를 식별하려고 400마리 이상에게 날개 식별표를 붙여서 확인한 결과, 큰까마귀들은 사체 하나를 놓고 거의 쉼 없이 교대하면서 먹었다.

겨울이라 땅이 돌처럼 딱딱하게 얼면, 곤충 장의사들은 활동을 멈춘다. 그 대신 겨울에 활약하는 온혈동물들, 주로 코요테, 고양이, 여우, 까마귀가 나선다. 차가운 고기는 오랫동안 신선하므로, 몇 달 동안 귀중한 자원이 된다. 고기가 오래 먹을 수 있는 상태일수록 새가 더 많이 꼬이는 듯하다. 한번은 내가 무게가 각각 1톤쯤 나가는 다 자란 홀스타인 소 두 마리를 손에 넣었다. 가죽은 벗겨진 상태였다. 그 정도 양이면 큰까마귀들의 먹성을 만족시키기에 충분한지, 혹시 큰까마귀들의 사체 처리 능력을 넘어서는지 궁금했다. 우리는 큰까마귀들에게 숫자와 색깔로 구별되는 날개 인식표를 달아두었으므로, 식별표를 단 새가 몇 마리나 만찬을 즐기러 오는지 헤아림으로써 고기를 먹은 새가 총 몇 마리인지 계산할 수 있었다. 결과는 총 500마리 가까이 되었다. 큰까마귀들은 2주 만에 두 소의 살점을 거의 다 발라냈는데, 새들이 그걸 다 먹었다는 건 아니다. 오히려 반대였다.

큰까마귀는 고기가 빠르게 고갈될 것에 대비하여, 나중에 먹을 요량으로 고기를 다른 장소에 가급적 많이 숨겨둔다. 고깃덩어리를 물고 날아가서, 눈이나 땅에 앉은 뒤, 먹이를 내려놓고, 부리로 바닥에 작게 구멍을 판다. 구멍에 고기를 넣고, 눈이나 근처에 있는 검불로 덮는다. 그리고 얼른 날아 돌아와서, 또 한 번 고깃덩어리를 물고 또 다른 장소에 숨기러 간다.

겨울이라 사체가 돌처럼 꽁꽁 언 경우가 많기 때문에, 살점을 뜯는 작업에는 시간도 힘도 많이 든다. 영하의 기온에서는 살점을 떼는 데 드는 에너지가 살점이 제공하는 에너지에 맞먹을 수도 있다. 그래서 큰까마귀는 다른 새가 숨긴 곳을 봐뒀다가 훔치려고 한다. 그 전략에 방어하는 전략으로서, 고기를 숨기는 새는 잠재적 도둑들의 시야에서 멀리 벗어나려고 한다. 메인에서 겨울에 죽은 동물 주검에 큰까마귀가 잔뜩 모이면, 새들이 고기를 숨기려고 사방으로 끊임없이 날아오르는 광경을 감상할 수 있다. 짝을 지은 한 쌍이 사체를 독차지하고 지키는 경우가 아니라면, 새들은 보통 1킬로미터 넘게 날아가서 숨긴다. 모든 새가 여러 차례 오가면서 많이 숨긴다. 그럴 필요가 있다. 숨긴 고기 중에서 많은 부분이 숨기는 게 안 통하는 상대, 즉 코로 사냥하는 포유류에게 발각될 테니까. 코요테처럼 사람 냄새가 묻은 사체에 접근하길 꺼리는 갯과 동물이 큰까마귀가 숨긴 고기를 찾아 먹을 수도 있다. 처음에 큰까마귀가 사체를 뜯을 수 있도록 만들어주었던 데 대한 일종의 보상을 받는 셈이다.

나는 버몬트의 집에 높이 3미터쯤 되는 플랫폼을 만들어, 그곳을 큰까마귀에게 먹이 주는 장소로 쓴다. 차에 치여 죽은 동물이나 부엌에서 나온 음식물 찌꺼기를 모두 그곳에 올린다. 지금은 동네에 사는 큰까마귀 한 쌍이 그 장소를 '소유하고' 있다. 그런데 누런 레트리버인 우리 개 휴고는 큰까마귀가 자기에게 밥을 준다고 생각하는 게 틀림없다. 휴고는 큰까마귀가 도착하는 모습을 창문 너머로 보자마자 '큰까마귀 식당'으로 쏜살같이 달려가고, 그러면 간혹 큰까마귀가 떨어뜨린 음식물을 먹을 수 있다. 휴고는 큰까마귀가 근처에 숨긴 것도 훔쳐 먹는다.

큰까마귀가 숨긴 고기 중에서 어느 정도가 원래 숨겼던 큰까마귀나 다른 동물에게 회수되는지는 모르겠다. 내 짐작에는 많이 회수될 것 같다. 고기는 냄새가 난다. 휴고는 큰까마귀가 숨기는 장면을 보지 않았더라도 숨겨진 장소를 꽤 쉽게 알아내는 것 같다.

겨울에 큰까마귀가 사체를 먹으면, 반경 몇 킬로미터 안에 여기저기 고기가 흩어진다. 그중 많은 양을 코요테, 족제비, 흰발생쥐, 대륙밭쥐, 날다람쥐와 붉은다람쥐, 피셔, 짧은꼬리땃쥐(블라리나)와 보통 땃쥐(소렉스)가 먹을 것이다. 그러니 겨울에 큰까마귀가 먹은 사체는 새들뿐 아니라 얼어붙은 계절을 버티기 위해 고기가 필요한 많은 포유류에게도 돌아가 재활용될 것이다.

추신: 책을 인쇄하기 직전인 2011년 11월, 오른쪽 날개에 흰 깃털이 있는 큰까마귀 한 마리를 오두막 근처 공터에서 목격했다. 그것은 화이트페더 이야기에 새로운 전기가 되는 사건이었다. 내가 그 기간에 대단히 특이한 행동을 하는 큰까마귀들을 목격했기 때문에 더욱 그랬다. 11월 9일, 나는 푹 자다가 새벽 5시 반쯤에 깼다. 여느 때처럼 오두막 근처 솔숲에서 지내는 '내' 큰까마귀 한 쌍이 동요한 듯 우짖는 소리를 듣고서였다. 이른 아침이라 캄캄했는데, 바깥으로 나간 순간에 큰까마귀 두 마리가 날아올라 공터를 빙빙 돌기 시작했다. 세 번째 새도 있었다. 그 새는 계속 솔숲에서 울다가 두 마리에게 잠시 합류했지만 금세 숲으로 돌아갔다. 공중에 뜬 두 마리는 콧소리처럼

힝힝거리고, 끽끽거리고, 켁켁거리고, 깍깍거리고, 문 두드리는 소리
(암컷이 구애하는 소리)도 내면서 쉼 없이 대화를 주고받았다. 소리는
점차 희미해졌다. 새들이 빙빙 돌면서 내 머리 위, 아마 1.5킬로미터
도 넘는 높이까지 올라갔기 때문이다. 세 번째 새는 계속 나무에 앉
아서 가끔 크게 울었다.

사방이 완전히 밝아졌는데도 두 새는 계속 까불거렸다. 내게는 녀
석들이 구름 위에서 춤추는 검은 점처럼 가까스로 눈에 들어올 뿐이
다. 나는 홀려서 꼼짝 않고 선 채로 계속 기록했다. 내가 나중에 쓴 문
장에 따르면, 그것은 "믿기 힘든 경험이었다. 경이로움에 숨이 막힐
지경이었다. 이런 경험은 생전 처음이었다."

두 새는 족히 1시간쯤 하늘에서 춤을 췄다. 그동안 두 새가 서로 1
미터 이상 떨어진 순간은 한 번도 없었다. 그러더니 새들이 새까만
벼락처럼 구름으로 뛰어들었다. 새들은 날개를 접은 뒤 거의 수직으
로 떨어졌고, 다시 바람을 타더니 우아하게 나선을 그리면서 도로 올
라갔다. 그러고는 다시 돌멩이처럼 추락했다. 그것은 소리와 움직임
으로 구성된 발레였다.

나는 정오에도, 그리고 사방이 어둑해진 오후 4시 20분에도 또 한
번 새들의 춤을 목격했다. 어두워지자 새들은 솔숲의 잠자리로 돌아
갔는데, 이번에는 공격적인 스타카토로 켁켁거리는 소리가 들리더니
뒤이어 두 새가 나무 위를 스치듯이 날면서 격렬하게 서로 뒤쫓았다.
세 번째 새도 어쩐지 소극적인 모습으로 뒤를 따랐다.

다음 날 아침 5시 30분, 아직 하늘에 별이 밝을 때, 이번에도 큰까

마귀들이 나를 깨웠다. 나는 침대를 박차고 나갔다. 새들은 창공의 쇼를 다시 보여주었다. 세 번째 새는 가까운 나무에 머물면서 가끔 오르락내리락하는 가락으로 길게 울었다. 그간의 경험으로 판단하건 대 그것은 이 언덕을 차지한 큰까마귀들이 영역을 방어할 때 내는 독 특한 소리였다. 두 새는 45분간 하늘에 떠 있다가 땅으로 내려왔고, 이번에도 세 번째 새와 뭔지 모를 상호 작용을 했다. 하지만 무슨 일 이 벌어지고 있는지 정확히 알 수는 없었다. 새들이 숲 속을 날아다 녔기 때문이다. 새들을 가까이에서—혹은 위에서—보진 못했으니 그 중에 정말로 화이트페더가 있는지 확인할 수는 없었지만, 아마도 있 었을 거라고 짐작한다.

큰까마귀들의 정체를 식별할 수 없었고 녀석들을 따라서 드넓은 영역을 쫓아다닐 수도 없었으니, 대체 무슨 일이었는지 정확히 알 도 리는 없다. 그러나 한 가지는 분명하다. 예전에 내가 잘못된 짐작에 기반을 두어 잘못된 해석을 내렸을지도 모른다는 점이다.

나는 1998년 1월에 골리앗을 따라 옛 둥지 터인 사육장으로 돌아 왔던 암컷이 화이트페더일 것이라고 짐작했다. 그러나 이제 돌아보 면, 두 새가 이혼했을 가능성도 충분하다. 사육장으로 들어오기를 주 저했던 신부는 화이트페더가 아니었을 수도 있다. 화이트페더는 골 리앗과 헤어진 뒤에 **옛** 영역으로 돌아갔을지도 모른다. 그러다가 13 년이 지난 지금, 이유는 모르겠지만 화이트페더가 돌아온 것이다. 골 리앗은 어쩌면 화이트페더와의 오랜 인연을 다시 맺으려고 시도했 는지도 모른다. 그래서 새 신부를 옛 신부와 대결시킨 것이다. 두 암컷이 하나의 수컷과 하나의 영역을 놓고서 겨룬 것이다. 우리는 알고 있는 정보로 여러 가능성을 점쳐볼 수 있다. 많은 이야기를 상상해볼 수 있다.

5

독수리 떼

내가 독수리를 본 경험 중에서 기억에 남은 첫 사례는 스물한 살에 동아프리카 탕가니카(현재의 탄자니아)에서였다. 나는 다르에스살람 경계의 '미개지'를 탐사하고 있었다. 다음 글은 당시에 내가 일기에 적었던 내용을 편집한 것이다.

1961년 10월 24일. 이곳 아프리카 사람들은 등에 혹이 솟은 얼룩소를 대규모로 친다. 밤에는 덤불과 가시나무로 만든 울타리에 가둬두지만, 낮에는 목동이 천천히 소들을 몰고 일대를 돌아다니면서 풀을 먹인다. 소들은 모두 야위어 보인다. 수면병이나 다른 질병 때문에 소가 갑자기 죽을 때만 도축하는 게 아닌가 싶다. 오늘 아침, 가죽이 갓 벗겨진 죽은 소를 보았다. 살점은 대부분 뜯겨 나간 뒤였다. 소는 좁은 골짜기 바닥에 누워 있었기 때문에 멀리서는 보이지 않았다. 내가 주검을 발견했을 때는 (이른 아침이라) 이제야 차츰 밝아지고 있었다. 그때까지 동물들은 주검에 입을 대지 않은 상태였다. 나는 1시간쯤 후에 그곳으로 돌아갔다. 30분쯤 가만히 앉아서 관찰하고 귀 기울였다. 처음엔 주변 나무에 독수리가 몇 마리만 앉아 있었다. 그중 일부가 사체로 다가갔다. 새가 떠난 자리는 신속히 다른 새로 채워졌다. 독수리는 말 그대로 털썩 떨어지듯이 내려앉았기 때문에, 나뭇가지가 끼익 소리를 내면서 휘청거렸다. 독수리들은 한 마리나 두 마리씩 사체로 내려갔다. 그러다가 어디에서 신호라도 받은 듯이 갑자기 사방에서 독수리들이 급강하했다. 독수리들은 이제 구태여 나무에 앉았다가 가지 않고 골짜기로 곧장 내려갔다. 독수리들은 날개를 전혀 움직이지 않은 채 내가 앉은 절벽가를 지나쳐 곤두박질쳤다. 바람이 날개깃을 갈라서 마치 태풍에 나부끼는 깃발처럼 펄럭펄럭 붕붕 소리가 났다. 독수리들이 밑으로 내려가면 더 많은 독수리가 나타났다. 저 멀리 까만 점 같은 것들이 보였다. 내 발밑 골짜기에서 벌어지는 일을 아직 알아차리지 못한 독수리들의 대열이었다. 새들은 놀랍도록 금세 다가와서, 대열을 깨고, 한두 차례 선회한 뒤, 다리를 죽 뻗으며 땅을 덮쳤다. 겨우 30분 만에 사체에 모인 독수리가 150마리는 되는 것 같았다. 독수리에 독수리가 올라타서 커다란 한 덩어리처럼 보였다. 옆에서 끼어들려고 애쓰는 새도 있었다. 몸부림치는 소리 외에는 조용한 편이었다. 이따금 두 마리가 꿈틀거리는 덩어리에서 빠져나와, 헐벗은 목을 죽 빼고 날개를 좍 펼친 채 쾌액거리고 끼익거리면서 맞대결을 펼쳤다. 한참 뒤에 더 많은 독수리가 묵직하게 날개를 치면서 날아와 가까운 나무에 앉았다. 상공에서 날개를 고정하고 선회하는 새들도 보였다. 거의 보이지도 않는 점처럼 까마득히 높이 떠 있다가 난데없이 나타난 독수리가 너무 많아서 감각이 압도될 지경이었다.

요즘도 몇몇 장소에서는 이런 장면이 펼쳐진다. 2011년 1월에 나미비아 사파리 여행을 이끌었던 야생동물 생물학자 리처드 에스티스는 그 얼마 전에 기린 사체에서 독수리 100마리가량을 목격한 이야기를 들려주었다. 그가 1시간 뒤에 돌아가 보니 사체는 아직 온전했다. 그러나 독수리가 벌써 300마리 가까이 모여 있었다. 사자나 하이에나가 사체를 찢어발기기를 기다리는 게 분명했다. 비슷한 시기에 세네갈의 다카르(서아프리카의 대서양 연안 도시)를 방문했던 다른 사람은 독수리 "떼"가 온 도시를 날아다니고 "도로변을 깡충깡충" 지나다니더라고 했다. 아프리카에서 큰까마귀 대신 청소동물의 역할을 맡는 알락까마귀도 그에 뒤지지 않게 많다고 했다. 그 도시에는 개와 고양이는 물론이거니와 말과 염소도 자유롭게 활보하는 듯했다. 독수리 떼가 사는 곳 근처에서 염소, 말, 소가 죽거나 도축될 때마다 어떤 광경이 펼쳐질지 눈에 선하다. 몇 시간 뒤에는 내장 한 점 남지 않을 것이다.

사체 처리는 고대로부터 내려온 작업이었음에 분명하다. 예나 지금이나 장의사는 사형 집행인과 구별되지 않을 때가 많다. 장의사이든 사형 집행인이든, 그 일을 맡는 존재는 생명이 이어지는 과정에서 늘 핵심적인 연결 고리였다. 그런 존재가 없다면 생명은 진작 멎었을 것이다. 과거 수백만 년 동안 초식동물과 포식자, 그들의 시녀인 청소동물은 갈수록 몸집이 커지는 방향으로 진화했다. 초식동물이 커지자 그 사체를 취하는 동물도 커질 수 있었다. 지상을 걷는 생물체가 하나 있으면 죽는 생물체도 하나 있는 법이고, 생물체 하나가 죽을 때마다 고도로 농축된 영양분이 다른 생물체들에게 공급되는 셈이다. 사체가 클수록 그것을 먹고사는 생물들에게 먹이가 많이 돌아간다. 한 장소에 짧은 기간 동안 다량의 먹이가 존재한다면, 그 덕분에 청소동물도 몸집이 더 커질 수 있다. 여러 끼니를 때울 수 있으니까.

지금으로부터 1억 4,500만 년에서 6,500만 년 전 백악기에 살았던 아파토사우루스를 떠올려보자. 아파토사우루스는 역사상 가장 큰 육상동물이었다. 한 마리에 최대 38톤이나 나갔던(아프리카코끼리 8~10마리에 해당한다) 커다란 고깃덩어리가 주기적으로 땅에 버려졌던 셈이다. 고기가 클수록 청소동물이 그것을 방어할 가치가 크다. 그러므로 청소동물은 강력한 방어를 위해서라도 큰 몸집을 선호했을 것이다. 무게가 9톤에 달했던 티라노사우루스의 덩치는 달리기나 민첩한 조작에는 알맞지 않았다. 그러나 길고 날카로운 이빨은 살점을 뜯기에 적당했으므로, 아마도 사체 처리 과정에서 첫 순서를 맡았을 것이다. 티라노사우루스는 요행히 죽은 동물을 발견하면 그것을 먹었을 테고, 늙고 약하고 다친 먹잇감을 죽이기도 했을 것이다. 그러나 아파토사우루스만큼 큰 동물을 티라노사우루스가 깨끗이 발라 먹었을 리는 만무하다. 티라노사우루스가 먹고 나서도 여러 단계의 장의사 동물들이 먹을 만큼 찌꺼기가 풍성하게 남았을 것이다. 그리고 대형 동물의 사체란 수두룩할 수 없는 법이므로(식물군이 뒷받침하는 생물 량에는 한계가 있기 때문이다), 한 끼니와 다음 끼니 사이에 먼 거리를 이동해야 할 가능성이 있다는 점 때문에라도 단순히 덩치 큰 장의사 뿐 아니라 덩치도 크고 하늘도 나는 장의사가 진화적으로 선호되었을 것이다.

백악기 초식동물의 거인증은 하늘을 나는 생물 중 역사상 가장 컸다고 알려진 익룡류가 동시기에 살았던 이유도 설명해줄지 모른다. 익룡 중에서도 제일 컸던 케찰코아틀루스와 하체고프테릭스는 양 날개 폭이 최소 10미터였고 큰 것은 12미터에 육박했다(현생 독수리 가운데 제일 큰 안데스콘도르는 3미터다). 큰 몸집은 기동력과 사냥 능력을 심하게 저해시켰겠지만, 사체를 차지하려고 싸울 때나 부정기적이지만 풍성한 끼니를 먹고사는 데는 유리했을 것이다. 따라서 쉽게 추론할 수 있는 바, 익룡은 육식 공룡이 대형 초식동물의 가죽을 찢고 쉽게 뜯을 수 있는 살점을 대부분 먹어 치우기를 기다렸다가 거대한 사체에 내려앉아서 쪼아 먹음으로써 청소동물로서 중요한 역할을 했을 것이다. 익룡은 슈퍼 독수리였을 것이다.

멀리 이동하면서 큰 사체를 먹도록 분화했고 그래서 반드시 큰 사체가 필요했던 대형 육식 청소동물들은 백악기 말 소행성 충돌로 지구 기후가 급변하여 먹이 기반이 절멸하자 따라서 멸종했다. 파충류 중에서도 뱀, 거북, 악어처럼 작고 비교적 활동성이 낮아서 굶어도 몇 달, 심지어 1년 넘게 살 수 있는 종들은 살아남았다. 그런데 이유는 여전히 수수께끼로 남아 있지만, 소형 공룡 중에서도 딱 하나의 계통은 살아남았고, 그래서 오늘날 우리가 조류라고 부르는 계통으로 진화했다. 현생 독수리들은 조류 중에서도 덩치가 큰 축이다. 이 독수리들은 내가 앞에서 독수리의 고대 선조들이나 생태적으로 유사했던 생물들이 겪었으리라고 추측했던 선택압과 똑같은 선택압을 겪음으로써, 큰 사체를 먹고사는 장의사로 분화했다.

백악기 소행성 충돌의 생존자 중에는 최초의 포유류도 있었다. 당시의 포유류는 덩치가 작았고 존재감이 미미했다. 그러나 이후 수백만 년이 흐르면서 일부는—이전과 마찬가지로 특히 초식동물은—거대하게 진화하여, 과거에 대형 공룡이 맡았던 생태적 지위를 차지했다. 약 600만 년에서 800만 년 전 마이오세(포유류의 시대라고 불린다) 후기에는 대형 포유류가 잔뜩 살았는데, 현대의 포유류를 좀 닮은 것들도 있었다. 매머드, 마스토돈, 대형 비버, 글립토돈, 대형 땅나무늘보, 그 밖의 거인들이 마지막 빙하기가 거의 끝날 때까지 살았다. 인간도 잠시나마 그 동물상과 공존했다. 어떻게 보면, 한때 무대를 지배했던 파충류 배우가 물러난 자리를 포유류 배우가 대부분 차지하고, 대형 익룡의 자리를 대형 조류가 차지한 셈이었다. 지금까지 발견된 제일 큰 새, 흔히 거대 테라토른이라고 불리는 아르겐타비스

마그니피켄스도 그 시기에 살았다. 새는 날개 폭이 6~8미터, 무게는 60~120킬로그램이었을 것으로 추정된다. 여기에 대면 안데스콘도르는 난쟁이다. 거대 테라토른처럼 큰 새는 콘도르나 독수리의 습성을 가졌을 것으로 추측해도 무방하리라. 특히 크고 갸름한 부리 끝이 갈고리처럼 굽은 걸 보면, 다이어늑대나 대형 검치고양이가 죽였거나 찢어발긴 사체에서 살점을 뜯기에 안성맞춤이었을 것이다.

테라토른 중 일부는 홍적세까지 명맥을 이었다. 초기 인류는 큰까마귀뿐 아니라 그 새들도 알았을 것이다. 로스앤젤레스 라브레아 타르 채굴장의 1만 년 된 퇴적물에서 후기 종에 해당하는 테라토르니스 메리아미가 발굴된 바 있는데, 그곳에선 지금은 모두 멸종하고 없는 다이어늑대, 검치고양이, 마스토돈, 대형 땅나무늘보도 함께 발굴되었다. 테라토르니스 메리아미는 날개 폭이 4미터였고 무게는 15킬로그램쯤 나갔다. 이에 비해 오늘날의 캘리포니아콘도르는 9킬로그램쯤 나간다. 그 테라토른은 사냥꾼 부족 클로비스 같은 팔레오인디언과 동시대에 살았을 것이고, 북아메리카의 대형 동물상을 먹이로 삼았을 것이다. 그리고 대형 동물상이 멸종하자 테라토른도 사라졌다. 조류 장의사 중에서 역시 최대로 꼽히는 아이올로르니스(예전에는 테라토르니스속으로 분류되었다) 인크레디빌리스도 마찬가지였다. 원래 네바다 주 스미스크릭 동굴에서 발견된 한 개체로만 동정되었던 이 새는 날개 폭이 5~6미터는 되었을 것이다. 요즘 독수리는 먹이를 찾아서 150킬로미터는 쉽게 나니까, 테라토른은 그보다 더 멀리 날았을 것이다.

청소동물로 활약하는 새는 그 밖에도 더 있고, 대체로 다들 크다. 독수리와 비슷한 습성을 진화시킨 새로는 남아메리카의 카라카라매가 있고, 아프리카황새라고 불리는 렙톱틸로스 크루메니페루스도 있다. 이 새들은 머리와 목에 깃털이 나지 않도록 진화했으므로 독수리와 수렴 진화한 셈인데, 그러면 깃털 위생 문제가 크게 줄거나 없어진다. 수리도 독수리의 습성을 어느 정도 갖고 있다. 흰머리수리는 죽은 물고기나 동물의 내장을 먹고, 수염독수리 혹은 수염수리라고 불리는 유라시아산 기파이투스 바르바투스는 거의 배타적으로 사체만 먹고산다.

독수리는 최소한 두 차례 진화했다. 논쟁의 여지는 있지만, 어쩌면 그보다 더 여러 차례 진화했을지도 모른다. 오늘날의 '진짜' 독수리는 신세계 독수리 7종과 구세계 독수리 15종으로 나뉜다. 아시아, 유럽, 아프리카의 독수리는 수리과에 속하며, 매와 수리와 친척이라고 알려져 있다. 그리폰독수리라고 불리는 깁스 풀부스처럼 일부는 민머리이다. 수염독수리는 머리에 깃털이 온전히 나 있고 주로 사체를 먹지만, 신선한 고기를 선호하고 특히 골수를 먹는 데 일가견이 있다. 큰 뼈를 물고 하늘 높이 올라간 뒤 돌에 떨어뜨려 깨는 것이다. 아메리카 대륙의 독수리는 콘도르과에 속하는 것이 많은데, 외형은 수리과 종들과 비슷하고, 썩은 고기를 전문으로 먹으며, 모두 민머리이다. 두 집단의 유사성은 비슷한 방식으로 환경에 적응함으로써 똑같은 섭식 습성을 선호하게 된 수렴 진화 탓이다. 콘도르과는 황새 같은 새에서 유래했을 수도 있는데, 정확한 기원은 아직 논의 중이다.

독수리는 분류가 어떻든 다들 사체를 청소하는 동물로 분화했다. 신선한 고기를 선호하는 종도 많고, 아메리카의 검은대머리수리 같은 몇몇 종은 큰까마귀처럼 산 먹잇감을 사냥하기도 한다. 멧돼지, 개, 수리 같은 다른 청소동물 가운데 부패한 고기를 처리하는 데 있어서 독수리와 겨룰 만한 상대는 거의 없다. 독수리는 세균에서 자연적으로 발생하는 생물 독소를 대사(해독)할 줄 알기 때문이다. 따뜻한 지역에서 썩어가는 사체를 먹는 습성은 독수리에게 유리하게 작용하는 듯하다. 그 때문에 독수리에게서 고약한 냄새가 나기도 하고, 그렇다 보니 독수리를 먹는 동물은 거의 없다. 실제로 독수리는 방어 전술로서 반쯤 소화한 먹이를 분출성 구토로 토해내며, 그것만으로 통하지 않으면 죽은 척하기도 한다. 깃털이 더럽다면, 게다가 방금 썩은 고기를 먹어서 진짜 죽은 것처럼 썩은 내가 난다면 전술은 더욱 효과적일 것이다.

독수리는 사회성을 보이는 편이다. 무리 지어 함께 자고, 집단으로 둥지를 틀어서 새끼를 키우는 경우도 있다. 그런 성향 덕분에 사람과도 유대를 맺으며 훌륭한 애완동물이 된다고 알려져 있다. 내 친구 하나는 안데스콘도르에게 애착을 느껴(새도 마찬가지일 것이다), 밴에 태우고 다니면서 가끔 자유롭게 풀어주어서 새가 근사한 몸집과 아름다움을 뽐내게끔 했다. 밴이 새의 동굴이었고, 새는 신선한 고기로 배를 채울 수 있는 한 늘 그곳으로 돌아와서 만족스럽게 보금자리로 삼았다.

독수리는 주로 따뜻한 기후에서 산다. 아프리카처럼 여러 종이 공존할 때는 '길드'를 맺어서 종마다 전문성을 발휘하면서 사체를 공동으로 이용하는데, 그러면 흔히 서로 의존하는 형태가 된다. 가령 아메리카에서는 냄새를 잘 감지하는 칠면조독수리가 어딘가 숨어 있는 사체에 일등으로 도착할 때가 많다. 후각이 그만큼 뛰어나지 않은 다른 독수리들은 칠면조독수리를 쫓아서 사체를 찾아낸다. 그러나 칠면조독수리는 몸집이 작은 편이라 큰 사체를 찢어발기지 못한다. 안데스콘도르처럼 더 큰 독수리가 고기를 찢어서 먹을 수 있게 만들어주지만, 칠면조독수리 입장에서는 더 큰 새들이 먼저 먹도록 허락해야 한다는 대가가 따른다.

독수리는 먹이를 추격해서 붙잡을 필요가 없으므로 거동이 느리고 대사 속도도 느린 편이다. 독수리는 상공에서 활상(滑翔)하여 먹이를 찾는데, 활상에 드는 에너지는 나뭇가지에 앉아 있을 때와 거의 같다. 하늘에 앉아 있는 셈이다. 하지만 활상하려면 따뜻한 상승기류가 있어야 한다. 밤에는 체온이 낮아져서 에너지가 더 절약된다. 독수리는 몸집이 큰 데다가 음식을 저장하는 모이주머니가 있어서 먹이가 풍성할 때 양껏 먹어둘 수 있으므로 몇 주 굶어도 잘 산다.

독수리의 보수적인 생활양식은 생활사에도 반영되었다. 독수리는 성적으로 성숙하기까지 오래 걸린다. 큰 종이라면 6년도 걸린다. 그리고 오래 산다. 안데스콘도르는 수명이 최소 50년이고, 그리폰독수리는 포획 상태에서 40년을 산 기록이 있다. 낮은 자연 사망률에 적응했기 때문에 그에 발맞춰 번식률도 낮다. 큰 종은 2년마다 알을 낳고, 한 배에 한 마리만 낳는다. 작은 종은 두 마리도 낳곤 한다.

자연 생태계에서 사체가 만들어지고 처리되는 작업이 우리 눈앞에 노골적으로 드러나기로는 동아프리카 세렝게티 지역을 능가할 곳이 없을 것이다. 세렝게티 생태계는 사실상 빙하기 동물상을 고스란히 간직했다고 봐도 좋다. 그곳에는 독수리가 6종 살고 있다. 세렝게티의 독수리들에게는 매년 약 1,200만 킬로그램(사람 약 20만 명의 무게)의 연조직(고기)이 제공되고, 독수리들은 거의 모든 사체를 찾아낸다. 무성한 덤불에 감춰진 것까지.

아프리카에서 대형 동물의 사체가 처리되는 과정은 구체적으로 여러 시나리오가 있겠지만, 보통은 내가 1995년에 부분적으로 관찰했던 과정과 비슷한 패턴일 것이다. 내가 본 것은 반추동물 가운데 덩치가 제일 클뿐더러 육상동물 가운데 키가 제일 큰 기라파 카멜로파르달리스, 즉 그물무늬기린의 사체가 해체되는 과정이었다. 다 자란 그물무늬기린 수컷은 키가 6미터에 육박하고, 무게가 1,800킬로그램 이상 나간다. 이 동물이 쓰러지면 청소동물들에게 엄청난 양의 고기가 차려지는 셈이다.

내가 본 기린은 남아프리카 크루거 국립공원의 아카시아 잡목숲에 살던 녀석이었다. 기린은 반사막 기후의 아카시아 갤러리숲(사바나 사막처럼 식생이 빈약한 곳에서 강을 따라 좁다랗게 이어진 숲 - 옮긴이)을 따라 난 흙투성이 도로에서 100미터도 떨어지지 않은 곳에 쓰러져 있었는데, 내가 발견했을 때는 쓰러진 지 하루밖에 안 된 것 같았다. 늦은 오전이라 쇼의 일부가 끝난 뒤였으므로, 내가 여기에서 이야기하는 내용은 대체로 추측과 짐작으로 재구성한 것이다.

기린은 늙었거나 병들었던 것 같다. 건강한 기린이라면 보통 사자들에게 당하지 않기 때문이다. 근처에는 사자가 여러 마리 있었다. 110~130킬로그램쯤 나가는 이 고양이들은 하룻밤 만찬에서 각자 15킬로그램씩 먹을 수 있다. 더운 한낮이라 사자들은 아카시아나무 그늘에 늘어져 있었다.

사자들은 간밤에 기린을 죽였을 것이고, 그 소동에 하이에나와 재칼이 꼬였을 것이다. 사자들은 먹을 만큼 먹은 뒤에 끈덕지게 괴롭히는 하이에나들에게 양보했고, 하이에나들은 또 물릴 만큼 먹고 나서 재칼들에게 양보했다.

아침 해가 초원을 달구어 따뜻한 공기가 상승하자 독수리들이 다함께 잠자던 보금자리에서 하늘로 날아올랐다. 독수리들은 점점 더높이 상승하여 예리한 눈으로 초원을 훑었다. 그중에서 죽은 기린과주변에 흩어진 사자, 하이에나, 재칼을 맨 처음 목격한 새가 활상을멈추고 활공하듯 하강하기 시작했다. 역시 멀리서 활상하던 다른 새들은 땅만 보는 게 아니라 하늘도 보고 있었으므로, 첫 새가 하강하는 것을 알아차리고는 자기도 그렇게 했다. 그런 방식으로 한 새가더 멀리 있는 새에게 소식을 알렸고, 결국 사방에서 수백 마리가 날아왔다. 150킬로미터 넘게 떨어진 곳에서도 왔을지 모른다. 내가 도착했을 때는 독수리 중 일부가 식사를 마친 뒤였다. 새들은 근처 나무에 앉아 있었고, 몇몇은 퍼덕거리며 다시 날아올랐다.

하루쯤 지나면 사체에는 남은 게 거의 없을 것이다. 남은 살점은쉬가 슬어 구더기 덩어리가 꿈틀거릴 것이다. 고기를 먹는 큰 동물들이 떠나면 바싹 마른 뼈와 가죽과 털만 남고, 그러면 이제 딱정벌레가 날아와서 성충과 유충이 찌꺼기를 마저 처리한다.

그러는 동안 사자와 하이에나와 재칼은 섭취한 기린을 처리하여 똥으로 바꿔낸다. 그러면 이제 (뒤에서 자세히 이야기하겠지만) 소똥구리가 기린에게서 마지막으로 남은 그 물질마저 처리한다. 기린이 생전에 먹었던 먹이까지 다 포함해서. 소똥구리는 동물 똥을 공처럼 빚어서 멀리 굴려 간 뒤에 땅에 묻는다. 새끼의 먹이로 쓰려는 것이다. 다음번 우기에 비가 내리면, 그래서 땅이 부드러워지고 싱그러운 초록 풀과 꽃이 새로 솟아나면, 어린 소똥구리가 밤중에 땅 위로 나온다. 소똥구리는 날아오르고, 초원을 스치듯이 날면서, 영양과 코끼리와 코뿔소와 하이에나와 사자의 배설물 냄새를 길잡이 삼아서 더 많은 만찬을 찾아 나선다. 그들 중에서 많은 수가 밤에는 박쥐에게, 낮에는 (물총새, 바람까마귀, 찌르레기, 파랑새 같은) 멋진 새들에게 잡아먹힌다. 기린이 한 마리 죽었지만, 그 덕분에 사자, 하이에나, 재칼 수십 마리와 독수리 수백 마리가 식사를 했다. 소똥구리 수천 마리가 만찬을 즐겼다. 그리고 초원에는 더 많은 풀이 자랄 것이다.

홍적세의 북아메리카 생태계에서는 동물 사체가 어떻게 처리되었는지, 우리는 거의 모른다. 그러나 드문드문 알려진 내용이 있으므로 그로부터 추측해볼 여지가 있다. 1953년, 저명한 조류학자였던 미국의 로저 토리 피터슨과 영국의 제임스 피셔는 '야생의 아메리카'를 누비는 4만 8,000킬로미터의 여정을 함께한 뒤 그 경험을 책으로 썼다. 프롤로그에서 피터슨은 자신들 두 사람이 "진정한 세계인 자연의 연구에 온전히 헌신했다"고 적었다. 여행의 하이라이트는 캘리포니아에서 저 멀리 캘리포니아콘도르가 나는 모습을 목격한 순간이었다. 피터슨은 이렇게 썼다.

> 콘도르는 폭격기 같았다. 날개를 평평하게 펼친 자세는 칠면조독수리가 글라이더처럼 날개를 쳐든 자세와는 사뭇 달랐다. 새는 크고 검고 머리는 옅었다. 우리에게 다가오는 새의 날개 아래쪽 앞부분에 큼직한 흰 띠가 있는 것으로 보아 다 큰 녀석이었다. 우리는 10피트나 되는 엄청난 날개 폭과 손가락처럼 벌어진 첫째날개깃들을 5분간 구경했다. 새는 세상의 여유란 여유는 다 가진 듯이 두 번 날개를 퍼덕이고, 새롭게 상승기류를 타서, 남동쪽으로 활상하여, 끝내 작은 점이 되어 시야에서 사라졌다.

슬픈 사실은, 새와의 작별이 그때나 지금이나 영영 마지막이었던 것 같다는 점이다. 피터슨과 피셔는 캘리포니아콘도르가 종으로서 살아남지 못할 것이라고 걱정했고, 만일 사람들이 일부러 사체를 제공한다면 당시 전 세계에 60마리쯤 남았을 것으로 추정되던 개체군의 생존에 도움이 될지도 모른다고 생각했다. 인공 번식을 통해서 새를 구하는 '최후의 노력'은 샌디에이고 동물원에서 포획 상태로 번식하고 있었던 안데스콘도르의 전례를 따라서 이미 시도되고 있었다. 야생에서 환경이 이상적일 때, 콘도르는 보통 2년에 한 마리씩 새끼를 기른다. 그러나 동물원에서는 포획한 한 쌍으로부터 같은 기간에 새끼 네 마리를 얻을 수 있다. 우리가 첫 알을 거둬다가 인큐베이터에서 부화시키면, 암컷은 즉시 대신할 알을 낳는다. 그 알은 어미가 품게 하되, 새끼가 반쯤 자라면 역시 거둬서 사람이 키운다. 그러면 암컷은 두 번째 번식을 시작한다. 이번에도 첫 알을 거둬서 사람이 기르는 방법을 쓰면, 새끼 두 마리를 더 얻을 수 있다.

피터슨은 캘리포니아콘도르에게도 그 방법을 쓰자고 제안했으나, 안타깝게도 실시되지 못했다. 캘리포니아수렵위원회로부터 허가를 얻는 것까지는 성공했으나, 포획 상태로 번식시킬 새 한 쌍을 확보하는 데 실패했다. 허가는 만료되었고, 프로젝트는 파기되었다. 다행스러운 사실은 피터슨이 제안한 지 34년이 지난 뒤에 '최후의 노력'이 다시 시도되었다는 점이다. 약간의 논쟁은 따랐지만.

캘리포니아콘도르는 피터슨과 피셔가 여행을 마치고 음울한 진단을 내린 1953년부터 14년이 지난 뒤에야 연방 절멸종 목록에 올랐다. 이 시기에도 개체수는 계속 하향세였다. 결국 전체 개체군에서 22마리만 남자, 1987년에 진정한 최후의 노력으로서 야생의 새를 **모조리** 잡아서 인공 번식시키자는 논쟁적인 결정이 내려졌다. 이번에는 포획에 성공했다. 1987년 4월 19일, 사람들은 마지막으로 남았던 야생 개체까지 잡았다.

미국 어류 및 야생동물 관리국이 운영한 콘도르 복원 프로그램의 목표는 '인공 부화시킨 콘도르를 방사함으로써 최소 15쌍으로 이루어진 야생의 번식 가능 개체군을 두 집단 이상 구축한다'는 것이었다. 콘도르는 암수가 똑같이 생겼다. 암수는 평생 짝을 유지하고, 알 하나를 56일 동안 교대로 품는다. 새끼는 6개월 뒤에 깃털이 나지만, 이후에도 반년쯤 더 부모에게 의존한다. 인공 번식으로 태어나서 1992년부터 야생으로 방사된 새들 중 일부는 아직 살아 있을지도 모른다. 캘리포니아콘도르는 몹시 낮은 번식률에 걸맞게 최장 60년까지 살기 때문이다.

가치 있고 중요하지만 위험한 사업이 으레 그렇듯이 인공 사육 프로그램은 곧 어려움에 봉착했다. 방사된 새 다섯 마리가 전력선과 접촉하여 감전사했던 것이다. 프로그램 운영자들은 새를 '야생으로' 내보내기 전에 새가 전선에 앉으면 약한 충격을 가하는 방법을 써서 전선을 피하도록 훈련시켰다.

현재 캘리포니아콘도르를 방사하는 지점은 세 군데다. 캘리포니아, 애리조나, 멕시코 바하칼리포르니아에 각기 한 군데가 있다. 2011년 기준으로 캘리포니아콘도르의 전 세계 개체수는 369마리다. 이 중 191마리가 야생에 있고(캘리포니아에 97마리, 애리조나에 74마리, 바하칼리포르니아에 20마리), 나머지는 아직 포획 상태다. 세상에서 제일 큰 독수리인 안데스콘도르, 즉 불투르 그리푸스와 유라시아에 사는 수염독수리는 국제자연보전연맹(IUCN)의 '준위협종' 명단에 올라 있다.

선사시대에 캘리포니아콘도르는 서부에서는 캐나다에서 멕시코까지, 동부에서는 플로리다에서 뉴욕까지 분포했다. 그랜드캐니언의 동굴에서 발견된 둥지에서도 이 새의 뼈와 알껍질이 나왔다. 그러나

북아메리카에서 사는 독수리들. 왼쪽은 검은대머리수리, 오른쪽 위는 칠면조독수리, 오른쪽 아래는 캘리포니아콘도르. 검은대머리수리와 칠면조독수리의 비행 실루엣이 다른 점을 눈여겨보자.

1만 년 전에 인간이 나타나서 매머드, 땅나무늘보, 검치고양이가 멸종했을 때, 캘리포니아콘도르도 엄청나게 줄었다. 그즈음 콘도르는 태평양 해안에서만 살았을 것이고, 두 탐험가 루이스와 클라크가 목격했듯이 해안으로 쓸려 온 대형 해양 포유류의 사체를 먹고살았을 것이다. 유럽인이 유입된 뒤에는 새가 서식지 파괴, DDT와 납 중독을 겪었다. 슬프게도 몇몇 독수리에게 '야생'은 더 이상 알맞은 서식지가 못 된다.

요즘 우리는 인간이 초래한 멸종의 시대를 겪고 있다. 장의사 동물들은 그 충격을 특히나 크게 받는다. 대형 고양이, 하이에나, 늑대, 독수리 같은 대형 장의사 동물들의 개체수를 급감시키고 어쩌면 멸종시킬지도 모르는 여러 원인 중 제일가는 것은 그동안 그들의 먹이 기반이었던 방대한 유제류 개체군을 인간이 격감시켰다는 점이다. 더구나 우리는 전통적으로 대형 장의사 동물을 그다지 존경하지 않는다. 존경하기는커녕 죽은 동물을 먹고사는 청소동물을 죽이는 일을 장려했는데, 여기에는 그들을 살해자로 여겨서 비난하는 시각이 한몫했다. 앞에서 지적했듯이, 일부 종에서는 포식자와 청소동물을 가르는 구분선이 대단히 희미하다. 그리고 인간은 포식자도 청소동물도 다 미워한다. 가축으로 생계를 꾸리는 목동들은 특히 그렇다. 가축은 유순함과 무력함을 북돋는 방향으로 선택된 품종이기 때문에, 병든 동물과 마찬가지로 포식자의 손쉬운 먹잇감이다. 목동들은 동물의 죽음을 다른 생명으로의 재순환으로 보지 않는다. 자신이 아닌 다른 동물이 저질렀을 경우에는, 아까운 생명과 자신의 생계를 범죄적으로 강탈한 행위라고 본다. 목동들은 포식자와 청소동물을 자신과 직접 경쟁하는 상대로 여기므로, 그들에게 보복해야 마땅하다고 생각한다. 포식 동물은 말뚝에 산 미끼를 묶어 유인함으로써 쉽게 죽일 수 있다. 멀리서 찾아오는 청소동물은 독을 탄 사체를 쓰면 한 번에 여러 마리를 해치울 수 있다. 나중에 이야기하겠지만, 요즘은 작물을 훼손하는 설치류를 죽이기 위해서 개발된 강력한 쥐약이 의도와는 달리 다른 동물들까지 죽이고 있다.

앞에서 말했듯이, 인간이 장의사 동물의 삶에 영향을 미치는 행위 가운데 가장 심각한 것은 야생 생태계에서 대형 동물을 대대적으로 제거하고 그 대신 우리가 먹을 가축을 기르거나 농사를 지음으로써 동물들의 서식지를 없애는 것이다. 그러나 대형 장의사 동물의 감소에 기여하는 요소는 그 밖에도 많다. 오늘날의 축산업 관행, 위험한 화학물질, 사체와 고기 처분 방식, 문화적 관습 등등. 이 중에는 바로잡기 어려운 것도 있지만, 문화적 터부만 극복하면 쉽게 해결할 수 있는 것도 있다. 우리의 관행 중에서 장의사 동물들의 생계를 제일 심각하게 위협하는 요소는, 생명의 진화 역사에서 늘 땅으로 돌아가도록 내버려졌던 사체를 요즘은 우리가 제거한다는 사실이다. 예전에는 독수리가 먹도록 '찌꺼기'로 버려졌던 부위도 요즘은 가공을 거쳐서 핫도그 등을 만드는 데 쓰인다. 딱따구리, 동고비, 박새 같은 새들에게 줄 수이트용으로 소량의 지방을 양보하긴 하지만 말이다('수이트'는 소나 양의 지방 중 단단한 부분을 말하는데, 그것에 다른 재료를 섞어 새모이로 만든 제품이 많이 출시되어 있다 – 옮긴이).

가축은 대부분 인간이 소비하고, 찌꺼기는 애완동물 사료로 가공한다. 인간과 인간의 애완동물이 독수리 대신인 셈이다. 그런데 우리는 우리가 먹기에 적합하지 않아 보이는 동물이 죽으면, 그것이 다른 동물들에게도 적합하지 않을 것이라고 생각한다. 그래서 내버린다. 도로 운영국은 차에 치여 죽은 사슴이나 다른 동물을 수거한 뒤에 매장하는데, 사실 그 일은 독수리가 더 잘할 수 있을 것이다. 우리가 허락하기만 하면.

대형 장의사 동물의 감소는 점진적으로 진행되었기 때문에, 그 사실을 눈치챈 사람이 거의 없었다. 그런데 최근에 사람들로 하여금 이 심란한 문제에 주목하게끔 만든 예외가 있었다. 벵골민목독수리, 즉 깁스 벵갈렌시스였다. 이 종은 사람 거주지와 가까운 나무에 집단으로 둥지를 튼다. 인도 도시에서는 아침 하늘에 (공기에 데워져서 새가 활상할 수 있을 때) 항상 눈에 띄는 존재였다. 새는 사람 유해를 먹었고, 다른 죽은 동물을 처리하는 일도 거들었다. 한때 흔했던 이 새가 떼로 몰리면 소 한 마리를 20분 만에 해치운다고 했다. 이 새가 제공하는 '생태계 서비스'는 도시 서비스이기도 했다. 런던 같은 중세 유럽 도시에서 큰까마귀가 제공했던 서비스와 비슷했다.

동남아시아에서 벵골민목독수리 개체수는 20세기에 크게 줄었다. 야생 유제류 개체군이 몰락해서 새들이 먹을 사체가 적어진 탓이었다. 그래도 이 새는 여전히 '전 세계 대형 맹금류 중 가장 많은 종류'로 묘사되었다. 서식 범위는 인도, 파키스탄, 네팔, 캄보디아, 미얀마, 부탄, 태국, 라오스, 베트남, 아프가니스탄, 이란, 중국, 말레이시아, 방글라데시를 망라했다. 그러다가 1990년대에 들어 개체수가 총 1만 마리가 안 될 만큼 갑자기 붕괴했다. 현재 번식 가능 개체군은 미얀마와 캄보디아에만 남았고, 이 종은 절멸 '위급종'으로 분류된다.

벵골민목독수리의 급감이 주목을 끌었던 것은 이 새가 이전에 워낙 흔했고 잘 알려져 있었기 때문이다. 급감 원인을 추적한 결과, 항염증제 디클로페낙이 주입된 가축 사체를 먹은 것이 문제였다. 이 약은 독수리에게 콩팥 기능 부전을 일으킨다. 디클로페낙을 맞은 소가 아주 많지 않더라도, 독수리 개체군에 얼마든지 치명적인 영향을 미칠 수 있다. 모델링 결과, 약물을 함유한 소 사체가 760구만 있어도 현실에서 관찰된 독수리 개체군 급감을 일으킬 수 있다. 미국에서 생산되어 소를 낫게 하는 약이 혹시라도 이란, 중국, 인도의 독수리를 아프게 할지 시험해봐야 한다고 생각했던 사람은 당연히 아무도 없었다.

벵골민목독수리가 워낙 흔했기에 제일 많은 관심을 끌긴 했지만, 세계적으로 사용되는 디클로페낙은 최소한 다른 세 종에서도 파국적인 개체수 급감을 야기했다. 인도독수리라고 불리는 깁스 인디쿠스, 쇠부리독수리라고 불리는 깁스 테누이로스트리스, 아시아왕독수리 혹은 붉은머리독수리라고 불리는 사르코깁스 칼부스다.

유럽에서 벵골민목독수리에 비견되는 그리폰독수리, 즉 깁스 풀부스는 한때 유럽에서 광범위하게 분포했다. 이 종도 디클로페낙에 노출되었다면 마찬가지로 급감했을 것이다. 만일 이 종이 현재까지 살아 있었다면 말이다. 사실 그리폰독수리는 독일에서 18세기에 사라졌는데, 먹이가 될 사체가 부족해진 탓이었다. 현재 그리폰독수리는 작고 고립된 몇몇 무리로만 존재하는데, 사람들이 독수리를 인공 번식시켜서 자연에 재도입한 뒤 오염되지 않은 고기를 일부러 놓아두는 '독수리 레스토랑'으로 먹이를 공급해준 덕분이다.

그리폰독수리와 다른 세 종은 이스라엘에도 흔하여 수백 마리가 떼로 둥지를 틀곤 했는데, 최근에는 그곳에서도 쥐약으로 사용되는 황산탈륨 때문에 개체수가 급격히 줄었다.

학살은 누그러질 기미가 안 보인다. 하복, 탈론, 라티무스, 마키, 콘트락, 디콘 마우스 프루페 II 등 '신세대' 쥐약이 끊임없이 시장에 선보이기 때문이다. 이런 쥐약에는 항응고 물질이 포함되어 있고, 그것을 먹은 설치류는 즉석에서 죽거나 쇠약해져서 다른 동물의 손쉬운 먹잇감이 된다. 화학물질이 포식자/청소동물의 몸에서 제거되는 데는 몇 달이 걸린다. 최근 캐나다 서부에서 가면올빼미를 조사한 결과, 70퍼센트에서 이 독성 물질이 검출되었다. 가면올빼미는 캐나다 서부에서는 절멸 '우려종'이고, 동부에서는 '위기종'이다. 그러나 이 것은 빙산의 일각일 뿐이다. 설치류는 전 세계에서 수없이 많은 동물이 좋아하는 간식이니까.

살생제는 법으로 금지되어야 한다. 설치류가 속담에 나오는 토끼보다 더 빨리 증식할 수 있다는 건 사실이고, 나도 놓아 기르는 닭에게 줄 모이를 함부로 뿌렸다가 그 사실을 몸소 체험한 바 있다. 그러나 설치류는 다른 방법으로도 통제할 수 있다. 언젠가 나는 빈 캔으로 만든 낙하식 덫으로 하룻밤에 쥐를 열 마리 넘게 붙잡았고, 녀석들을 작대기로 찔러 죽였다. 이보다 더디지만 더 확실한 방법은 천적인 올빼미와 황조롱이의 개체군을 육성하는 것이다. 이 새들의 번식을 제약하는 요소 중 하나는 둥지로 이용할 속 빈 나무가 부족하다는 점인데, 늙은 나무가 많지 않은 곳에서는 우리가 적당한 장소에 적당한 둥지용 상자를 마련해주면 새들에게 도움이 된다.

신세계 독수리는 생존 실적이 엇갈리는 편이다. 칠면조독수리, 즉 카타르테스 아우라와 검은대머리수리, 즉 코라깁스 아트라투스는 잘

해나가고 있다. 동물 사체가 얼지 않는 지역이 예전보다 좀 더 북쪽으로 확대됨에 따라, 두 종 모두 북쪽으로 서식 범위를 크게 넓혔다. 검은대머리수리의 서식지는 주로 아르헨티나 남부에서 라틴아메리카까지지만, 최근에는 미국 걸프만 연안 및 남서부 대부분으로도 진출하여 도시에서 떼로 수백 마리씩 산다. 칠면조독수리는 한때 엄격하게 남부에서만 서식했지만, 요즘은 캐나다에서도 번식한다. 나는 과거 수십 년 동안 칠면조독수리를 한 마리도 못 봤지만, 요즘은 버몬트와 메인에서 여름마다 본다.

아메리카 대륙의 다른 장의사 동물들과 마찬가지로, 평범한 큰까마귀인 코르부스 코락스도 한때 방대한 영역에서 그들의 먹이 기반으로 기능했던 들소와 엘크 사체가 사라지자 서식 범위와 개체수가 크게 줄었다. 또한 큰까마귀는 미국 정부가 늑대나 코요테 같은 포식자에 대한 전쟁을 선포하고서 독이 든 사체를 살포했을 때 부수적으로 희생되었다. 사람들은 큰까마귀를 달갑지 않은 존재로 여겼고, 누구나 당연히 근절 대상 목록에 올렸기 때문에, 새가 독을 먹고 죽어도 상관없다고 생각했다. 그러나 큰까마귀에게는 독수리에게 없는 생존의 이점이 있었다. 큰까마귀 중 일부는 독수리보다 훨씬 더 북쪽에서 잘 버텼는데, 북쪽 지방은 아직 대형 동물이 살고 있고 사람은 적기 때문에 큰까마귀 재건에 핵심적인 장소가 되어주었다. 옛 유럽인들이 편견에 따라 큰까마귀를 사악하고 음침한 존재로 묘사한 시들이 있음에도 불구하고, 이 새는 우리와 지구를 공유하는 귀하고 존경스러운 존재로 복귀했고 이제는 심지어 친밀한 이웃으로 여겨지기도 한다. 큰까마귀는 비참한 고난을 겪었다. 그러나 이 새가 감정과 활력과 아름다움을 갖춘 지적인 존재라는 사실이 알려지면서, 그들에 대한 인간들의 무심하고 야만적인 행위에도 종지부가 찍혔다.

예로부터 살인 같은 극악한 범죄가 발생하면, 사람들은 전력을 기울여서 가해자를 붙잡았다. 살인은 엄청나게 비통한 사건이다. 그러나 그조차도 종의 상실에 비하면 사소한 사건이다. 더구나 사라진 종이 수백만 인구를 아우르는 문화적, 생태적 그물망의 일부이고, 거의 지구적인 규모에서 생태계 서비스를 수행하며, 현재의 생명뿐 아니라 미래의 모든 세대에게도 즐거움을 주는 존재일 때는.

악행을 의도적으로 저지르는 사람은 거의 없다. 누구나 자기 행동에 대한 변명이 있다. 의도하지 않았거나 예상하지 못했던 결과로 죽음이 초래되었을 때, 우리는 그것을 사고로 분류한다. 그러나 아무리 사고라고 해도 그 일이 난데없이 일어나는 경우는 드물다. 누군가 음주운전을 하거나 빨간불에 성급히 차를 몰아서 사람을 죽였다면, 그것은 사고일지라도 비난을 면할 행위는 못 된다.

우리 인간은 모두가 멸종을 일으키는 죄인이다. 우리의 생활 수준, 산업적 대량 생산, 막대한 머릿수가 절대적으로 보장하는 바, 우리는 자연에 유해한 영향을 누적적으로 미칠 수밖에 없다.

인류 전체에게 적용되는 비난은 인간이 만든 물질들에 더더욱 강력하게 적용된다. 과거에는 우리가 자연의 약제상에서 몇 가지 화학물질을 취하는 것만으로도 필요를 너끈히 충족할 수 있었다. 반면에 요즘은 미국에서만 약 8만 4,000종의 화학물질이 상업적으로 이용된다. 다른 나라로 수출되는 것도 많다. 그중 20퍼센트에 대해서는 우리가 그 정체조차 모르고 유해성 여부도 모른다. 많은 물질이 (또한 그 효과가) '기업 비밀'로 분류되기 때문이다.

독수리 개체군 붕괴에 책임이 있는 사람은 대부분 무명의 존재들이지만, 그렇다고 해서 그들이 비난을 면할 수 있는 건 아니다. 게다가 우리들 중에는 남들보다 더 중요한 역할을 수행하는 사람도 있다. 대량 살상, 의도적인 생태계 파괴, 종의 절멸로 이어지는 악독한 범죄에 대해서는 무지도 개인적 정당화도 변명이 될 수 없다. 화학물질의 영향은 정말로 중요하다. 합성물은—과거에는 자연적인 생태계 구성 성분으로서 존재하지 않았던 물질이라는 뜻이다—그 영향이 무해하다고 밝혀지기 전에는 생태계 차원에서 기본적으로 유해하다고 가정되어야 한다. 이것은 지나친 비약이 아니다. 생물학적 상식이다. 그리고 역시 상식으로 판단하건대, 현재 상태의 '시장'은 이 문제를 풀기는커녕 더 많이 일으키고 존속시킬 것이 분명하다. 시장이 핸들이나 브레이크가 없는 최첨단 자동차처럼 마구잡이로 내달리도록 우리가 계속 내버려둔다면.

제3부

~~~~~~~~~~

식물 장의사들

식물은 장의사가 아니다. 그러나 궁극의 생화학자이다. 사소한 몇 가지 예외를 제외하고는(가령 베누스 플리트랍스, 즉 파리지옥), 식물은 동물의 살점을 섭취하지 않는다. 복잡한 유기 분자도 섭취하지 않는다. 식물은 물, 햇빛, 몇 가지 미네랄을 이용하여 대기의 이산화탄소로부터 얻은 탄소로 제 몸을 만든다. 그러나 그렇게 단순하게 시작된 물질이, 우리 동물의 기준으로는 달리 비길 데 없이 거대하고 영양이 풍부한 물질로 자란다.

식물은 우리가 흙으로 돌아가고 흙에서 나오는 재순환 과정에서 중간 단계를 맡은 행위자이므로, 식물의 재순환을 고려하지 않고서는 우리의 재순환도 이해할 수 없다. 식물은 고도로 적응한 유기체로서, 동물이 경험하는 것과 비슷한 여러 기회와 제약에 따라 생명을 발달시킨다. 식물도 동물처럼 번식하고, 성장하며, 디옥시리보핵산(DNA)에 새겨진 유전 부호를 자연 선택을 통해 발달시켰다. 이 장에서는 식물 중에서도 나무가 재활용되는 과정에 집중하여 이야기하겠다. 나무는 식물 중에서 가장 두드러진 형태인데다가 전체적으로 볼 때 아마 재순환 활동에서도 가장 핵심적인 역할을 맡을 것이다.

나무가 (또한 다른 식물이) 처분되는 과정은 자연에서 워낙 흔히 벌어지는 일이기 때문에 그저 당연한 일로 치부되기 쉽다. 인정하건대 나도 예전에는 별달리 관심을 쏟지 않았다. 많은 동물이 식물을 해치거나 죽인다. 식물이 사는 생태계라면 어디에서든 죽는 식물이 있기 마련이다. 동물이 다른 동물을 죽여 몇 분 만에 가리가리 찢어발기는 것과는 달리, 식물이 죽는 과정은 극적이지 않다. 나무는 죽어도 피를 흘리거나 고약한 냄새를 풍기지 않는다. 나무는 여러 해에 걸쳐 곤충에게 야금야금 먹히면서 죽어갈 수도 있다. 죽은 뒤에는 딱정벌레, 균류, 세균의 활동을 통해서 수선스럽지 않게 천천히 분해되어 흙으로 돌아간다. 이런 재순환 덕분에 나머지 모든 생명이 살 수 있으며, 이런 과정 역시 생명이다. 나무의 재순환은 방대한 규모로 벌어진다. 나무를 처리하는 존재가 없다면, 불과 몇 년 만에 숲은 죽은 나무들이 얽히고설켜 도저히 뚫고 들어갈 수 없는 곳으로 변할 것이다. 그리고 곧 모든 식물이 성장을 멈출 것이다. 나는 내 숲에서 나무가 정상적으로 분해되는 모습을 많이 보진 못했다. 나나 다른 사람들이 만들어낸 나무 사체는 대부분 베어져 다른 곳으로 운반된 뒤 목재, 종이, 땔감으로 바뀌기 때문이다. 반면에 자연 생태계에서는 나무가 죽어도 원래 있던 자리에 그대로 서 있을 것이다.

6

생명의 나무

동물의 몸과 마찬가지로 나무의 몸은 신선할 때 더 좋은 먹이가 된다. 그러나 나무가 살아 있는 동안에는 남들이 먹지 못하도록 나무가 강력하게 방어하기 때문에 약해졌거나 곧 죽을 때가 된 나무만 먹힌다. 나무에서 영양분이 가장 풍부하고 공격도 가장 먼저 당하는 부분은 안껍질이다. 평소에는 튼튼한 바깥껍질이 안껍질을 덮어서 보호한다. 그러나 일단 나무가 쓰러지면, 안껍질은 몇 달에 걸쳐서 다른 생물들에게 먹힌다. 반면에 다른 부분, 나무의 살아 있는 조직이 높은 곳에서 햇빛을 받을 수 있도록 올려주는 뼈대 조직은 몇십 년 동안 고스란히 남을 수도 있다.

아마도 단 한 종의 균류를 제외하면(이 이야기는 나중에 하겠다), 세상에서 가장 큰 생물체는 전부 나무들이다. 그중에서도 일부는 가장 오래된 생물체이기도 하다. 기생충과 포식자의 유린에 맞서서 죽음에 저항하는 나무의 능력을 보여주는 증거인 셈이다. 어떤 나무들은 우리 동물의 기준으로 보자면 영원히 사는 듯하다. 거의 무생물처럼 느껴질 정도이다. 나무도 종마다 최대 수명이 있다. 북아메리카 서부의 강털소나무, 미국삼나무, 세쿼이아 같은 종은 수천 년을 산다. 오늘날 살아 있는 개체 중 몇몇은 예수가 살았던 시절에도 거인이었을 테니, 정말로 불멸하는 게 아닐까 싶을 지경이다. 한편 참나무는 대체로 수백 년을 산다. 내 숲에서 제일 오래된 스트로브잣나무, 붉은가문비나무, 향나무, 설탕단풍나무는 200년쯤 살 것이다. 발삼전나무와 사시잎자작나무는 50년을 채 못 살고, 줄무늬단풍나무는 20년을 넘기는 경우가 드물다. 그런데 이런 최대 수명은 각 개체의 실제 수명과는 거의 관련이 없다. 대개의 나무는 어릴 때 죽는다.

　우리가 숲에서 보는 나무들은 전체의 작은 일부에 지나지 않는다. 우리가 보는 나무들은 생존자, 아니면 최근에 죽은 것들이다. 인공조림지와는 달리 건강한 자연림에는 섰거나 누운 죽은 나무가 늘 존재하기 마련이다. 하지만 사실 대부분의 나무는 우리가 알아차리도 못할 만큼 작을 때 죽어서 재활용된다. 내 숲에는 제곱미터당 수십 그루씩 나무가 있지만, 대부분은 떡잎을 두 장도 못 피우고 죽을 것이다. 그늘에 가려서, 아니면 공간이 붐벼서. 둘은 사실상 같은 말이다. 사람들이 흔히 생각하는 것과는 달리, 숲에 있는 나무들의 생사는 모종의 유전적 이점에 따라 결정되는 게 아니라 대체로 뿌리 내린 장소가 남들에 비해서 더 좋은가 나쁜가 하는 운에 따라 결정된다. 그 점이 햇빛을 비롯한 필수 자원을 둘러싼 경쟁에서의 승패를 결정하기 때문이다.

성숙하게 다 자랐지만 곧 죽을 나무의 운명을 개시하는 것은 보통 곤충의 공격이다. 동물 세계와 마찬가지로 나무 세계에서도 '포식자'와 '장의사', 즉 청소동물이 늘 선명하게 구별되진 않는다. 그야 어쨌든 합심하여 나무를 처리하는 생물들의 종류는 생쥐, 무스, 코끼리를 처리하는 생물들만큼이나 다양하다. 동물이 처리될 때처럼, 나무가 처리되는 과정에서도 일부 행위자는 아직 건강한 상태의 나무를 이용하는 방향으로 진화했다. 반면에 어떤 종들은 나무가 약해져야만 가담하고, 그보다 더 많은 종은 나무가 거의 죽거나 완전히 죽을 때까지, 심지어 죽은 지 오래되었을 때까지 기다린다. 청소동물들은 사체 처리의 최종 단계를 촉진하고, 물질을 전환시킨다. 죽은 동물처럼 죽은 나무도 여러 종의 청소동물들에게 차례차례 공격을 받는다. 청소동물들이 순서대로 다 먹으면, 비로소 나무는 흙으로 돌아간다.

나는 쓰러진 나무가 얼마나 빨리 공격당하는지, 뒤이어 재순환되는지 알고 싶었다. 예전에 메인에 오두막을 지을 때 발삼전나무, 가문비나무, 소나무를 60그루쯤 베었는데, 내가 한창 잔가지를 치는 중인데도 벌써 수염하늘소가 날아와서 나무에 알을 낳곤 했다. 긴 더듬이 때문에 긴뿔하늘소라고도 불리는 수염하늘소는 하늘소과에 속하는 딱정벌레다. 수컷은 더듬이 길이가 몸통의 두 배쯤 된다. 더듬이는 화학물질 감지에 쓰이는데, 그렇게 긴 것을 보면 수염하늘소가 냄새를 통해서 산란할 장소와 짝을 찾을 때 더듬이가 얼마나 중요한지 알 수 있다. 수염하늘소는 갓 죽은 나무를 찾아내는 데 귀신이다. 그래서 나는 나무를 베면 반드시 껍질을 벗겼다. 그러지 않으면 수염하늘소가 수백 마리씩 나무를 공격해서 목재로 쓸 수 없는 상태로 만들 것이다.

수염하늘소 외에 비단벌레(비단벌레과)와 나무좀(나무좀과)도 나무 껍질 겉이나 속에 알을 낳는다. 유충은 안껍질의 형성층으로 파고들고, 더 나아가 변재로 파고든다. 유충은 그렇게 뚫고 들어가는 동안 나무에 균류를 감염시키고, 균류는 세균이 동물의 부패를 재촉하는 것처럼 나무를 소화하기 시작한다. 나는 침엽수가 풍기는 향기를 맡을 줄 안다. 그러니 벌레들도 맡을 줄 알 것이다. 그러나 건강하게 우뚝 선 소나무에서 수염하늘소를 본 적은 한 번도 없었다. 궁금했다. 딱정벌레들은 어떻게 내가 방금 벤 나무를 정확히 알고 찾아올까?

당시에 나는 딱정벌레가 아니라 큰까마귀의 채집 행위를 연구했기 때문에, 이 의문을 한동안 잊고 지냈다. 그러다가 나중에 식물 장의사에 대해서 생각하던 중 의문이 살아났다. 마침 나는 나무들에게 공간을 좀 더 넓혀주려고 설탕단풍나무 숲을 솎는 중이었다. 나는 베어낸 스트로브잣나무 몇 그루를 일부러 숲에 내버려두었다. 뒤에서 더 자세히 이야기하겠지만, 놀랍게도 그중 일부에는 몇 달이 지나도록 딱정벌레가 한 마리도 찾아들지 않았다. 딱정벌레는 무엇에 끌릴까?

혹은 무엇에 끌리지 않을까? 어떻게 끌릴까?

가끔 딱정벌레가 놀랄 만큼 신속하게 현장에 나타나는 현상은 내게 불가사의한 일로 느껴졌다. 도끼나 톱에 갓 베인 건강한 나무는 조직만 놓고 보면 제대로 죽은 상태가 아니다. 앞으로 죽을 운명일 뿐이다. 그런 나무를 공격하는 벌레는 **미래에**, 그러니까 유충이 부화한 뒤에 나무가 취약해질 것이라는 예측에 의존하는 셈이다. 비단벌레는 수백 킬로미터 밖에서도 산불 난 곳을 찾아온다고 한다. 막 죽은 나무를 맘껏 먹어 치우는 잔치에 끼기 위해서일 것이다.

딱정벌레의 공격은 나무를 죽인다는 의미에서의 '사냥'은 아니다. 건강한 나무는 효과적으로 자신을 방어할 줄 안다. 제일 유명한 방어 수단은 침엽수가 흘리는 끈끈한 수지인데, 이것은 노린재를 비롯한 몇몇 곤충이나 스컹크가 선보이는 방어 수단과 비슷하다고 할 수 있다. 나무의 방어 수단은 고대부터 나무와 딱정벌레가 벌여온 무기 경쟁의 산물이다. 그런 경쟁 때문에 딱정벌레 사이에서도 격렬한 전쟁이 벌어진다. 딱정벌레에게 전문적 분화는 필수 조건이다. 나무를 재활용하는 딱정벌레는 무력하거나 죽은 나무를 노려야 한다. 딱정벌레는 몇몇 주목할 만한 예외를 제외하고는 대개 청소동물이다.

나는 쓰러진 잣나무에서 벌어지는 일을 꼼꼼히 기록하기로 했다. 2011년 5월 11일, 오두막 옆 공터에 나무토막들을 눕혀 두었다. 기온은 15도쯤으로 훈훈했다. 나는 딱정벌레가 한시라도 날아들 수 있다고 생각하면서 기다렸다. 기다리고 또 기다렸다. 한 달 넘게. 그러나 어느 나무토막에서도 솔수염하늘소(소나무를 찾는 수염하늘소 중 제일 혼한 종류)를 볼 수 없었다. 솔수염하늘소가 절멸한 게 아닌가 싶지만, 곧 알게 되듯이 사실은 전혀 그렇지 않았다.

7월 23일 무더운 한밤중, 나는 오두막에서 자다가 맨등에 큼직한 곤충이 기어가는 감촉을 느꼈다. 나는 벌떡 일어나서 그해 처음으로 본 솔수염하늘소를 잡았다. 이튿날 밤에도 또 다른 솔수염하늘소가 내 수면을 방해했다. 그다음 날 아침에는 창문 안쪽에서 또 한 마리를 보았고, 자리에 앉으려니 바지 위로도 한 마리가 기어올랐다. 나는 오두막 문을 닫아두고 방충망도 친 상태였다. 방충망은 검정파리와 모기를 잘 막았으므로, 길이 32밀리미터에 폭 8밀리미터인 딱정벌레도 막아주어야 했다. 따라서 딱정벌레 공급원은 오두막 내부에 있는 게 분명했다.

내가 의자로 쓰고 있던 높이 30센티미터, 폭 30센티미터의 잣나무 토막에 생각이 미친 것은 그때였다. 그것은 전해 봄에 비바람으로 쓰러진 나무를 잘라 껍질을 벗긴 것이었다. 이제 유심히 보니, 옆면에 완벽하게 동그랗고 제법 큰 구멍들이—지름은 약 8밀리미터였다—나 있었다. 세어보니 아홉 개였다. 지난 주까지만 해도 분명 없었던 것이었다. 아마도 방금 잡은 딱정벌레들이 나온 출구인 것 같았다. 나는 의자를 쿠키처럼 납작하게 썰어보았다. 그러자 두께 30센티미터의 나무토막 중심까지 파고든 터널들이 드러났다. 수염하늘소의 다 자란 유충, 번데기, 성체가 깊은 곳까지 곳곳에 흩어져 있었다. 다만 성체들은 터널을 가장자리까지 거의 다 판 참이었다. 1센티미터만 더 파면 햇빛을 볼 수 있는 시점이었다. 이 위도에서는 전해 여름

제3부. 식물 장의사들

에 발달하기 시작한 수염하늘소가 7월 말이 되어서야 발달을 마치는 게 분명했다. 이것으로 지난 두 달, 그러니까 봄과 초여름에 갓 베어 눕혀둔 나무토막으로 벌레가 찾아오지 않았던 까닭이 설명되었다.

예상대로 이때부터 9월 중순까지, 봄에 내놓았던 나무토막에 구멍 뚫는 벌레가 출몰하기 시작했다. 8월 초에는 구더기들의 '톱질' 소리를 들을 수 있었다. 뭔가 긁는 소리처럼 들리는 그 소리는 온도에 따라서 주파수가 달랐다. 날이 따뜻할 때는 훨씬 높은 음이었다. 소리는 밤낮으로 들렸다. '톱질'의 산물은 지저깨비라고 불리는 길이 1~5밀리미터의 나무섬유 혹은 부스러기로, 유충이 나무껍질을 뚫고 들어간 구멍 밑 바닥에 원뿔 모양으로 소복하게 쌓였다. 흡사 나무토막이 내장을 뱉어내는 것처럼 지저깨비가 구멍에서 분출되다시피 할 때도 있었다. 지저깨비는 딱정벌레의 장을 통과한 물질은 아니었다. 내가 성체와 유충의 장을 모두 조사해봤지만, 그런 물질의 흔적은 없었다. 성체의 장은 비어 있었고, 성체가 7월 말에 밖으로 나오려고 뚫은 터널에는 톱밥처럼 잘고 부슬부슬한 물질만 남아 있었다. 그리고 유충의 장에는 미끄러운 크림 같은 물질이 담겨 있었다. 지저깨비는 우리가 견과를 먹고 껍질을 버리는 것처럼 유충이 나무를 씹어서 일부만 먹고 버린 찌꺼기인 듯했다.

한 달 뒤인 9월 초, 굼벵이들이 진행한 경로를 살펴보기 위해서 사슬톱으로 잣나무 토막을 썰어보았다. 성체가 한여름에 낳은 알에서 첫 유충이 부화한 것은 8월 초였고, 유충은 안껍질과 변재가 접하는 지점부터 나무를 씹어서 굴을 파들어갔다. 지금은 껍질 밑에 유충이

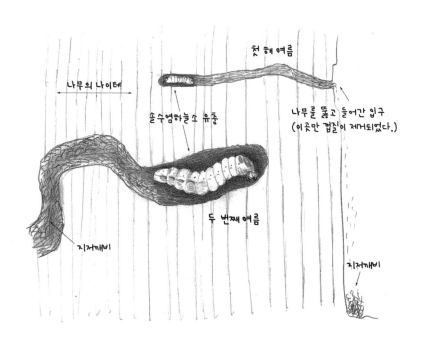

첫 해 여름

나무의 나이테

솔수염하늘소 유충

나무를 뚫고 들어간 입구
(이곳만 껍질이 제거되었다.)

두 번째 여름

지저깨비

지저깨비

나무토막 단면. 솔수염하늘소 유충이 첫 해 여름에 뚫고 들어간 입구(위), 그리고 이듬해 여름에 좀 더 확장된 굴(아래)이 보인다.

없었다. 모두 나무토막 깊숙이 파고든 뒤였다. 겨울에도 종종 나무토
막에서 목격할 수 있었던 유충은 이듬해 봄까지 그 속에서 번데기로
지낸 뒤, 성체로 변태하여 7월이나 8월에 밖으로 나오는 것이었다.
나는 딱정벌레가 갓 쓰러진 나무를 어쩌면 그렇게 금세 찾아내는가
하는 의문에는 답을 못 얻었지만, 벌레가 왜 (보통) 늦여름까지도 나
무토막에 얼씬거리지 않았는가 하는 의문에는 답을 얻었다.

딱정벌레 출현에 영향을 미치는 여러 변수 중에서 제일 중요한 건
기온일 것이다. 딱정벌레는 한겨울에도 출현할 수 있다. 나는 2월 1
일에 그 사실을 깨닫고 놀랐다. 바깥은 영하 15도 미만 정도였는데,
평소에는 오두막 난방을 0~10도로 맞추지만 그날은 25도까지 따뜻
하게 올렸다. 몇 시간쯤 지났을까, 위층의 한 창문에 벌레가 모이기
시작했다. 나는 그날 하루에 벌레를 353마리나 잡았다! 전부 종이 같
은 나무좀이었는데, 맨눈으로 보기에는 그냥 까만 점 같았다. 길이가
2밀리미터를 넘거나 폭이 0.4밀리미터를 넘는 녀석은 하나도 없었
다. 나무좀의 근원은 내가 가을에 죽어가는 흰자작나무로 만들었던
탁자의 다리였다. 나무는 껍질을 벗기지 않은 상태였다. 나무좀 353
마리의 부피는 평평하게 깎은 티스푼 한 숟가락쯤 되었다.

나무를 뚫는 딱정벌레는 거의 모든 종이 특징적인 '궤적'을 남긴
다. 그리고 종마다 특수한 종류의 나무만을 이용한다. 나는 상상할
수 있는 '가장 건강한' 숲 중 한군데를 가본 일이 있다. 태평양 연안에
서 멀지 않고 레이니어 산에 가까운 윌리엄 O. 더글러스 자연보호구

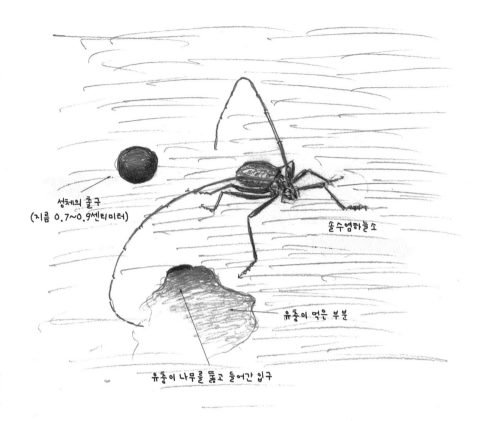

성체의 출구
(지름 0.7~0.9센티미터)

솔수염하늘소

유충이 먹은 부분

유충이 나무를 뚫고 들어간 입구

나무에 터널을 뚫고 빠져나온 솔수염하늘소가 출구 옆에 있는 모습. 크기를 가늠하기 위해서 전해 여름에 유충이 뚫고 들어간 입구도 함께 그렸다. 유충은 나무껍질 밑부터 먹기 시작하여 속으로 파고든다.

역이었다. 나는 벌목을 한 번도 겪지 않은 거대한 향나무와 미송 아래에서 야키마 원주민 산길이라고 불리는 코스를 걸었다. 온갖 수령의 나무가 있었고, 온갖 부패 단계에 접어들어 흙으로 돌아가는 나무가 있었다. 그중에서 최근에 쓰러진 큰 나무의 껍질을 벗겼더니, 아름다운 무늬처럼 보이는 딱정벌레 궤적이 나무껍질을 한 뼘도 빼놓지 않고 전부 뒤덮고 있었다. 그리고 안껍질에 새겨진 무늬와 꼭 겹쳐지는 무늬가 나무 속에도 새겨져 있었다. 그 무늬는 메인의 잣나무에 딱정벌레가 남긴 궤적과 비슷했지만, 이 미송에 난 구멍은 솔수염하늘소가 아니라 주로 나무좀이 낸 것이었다. 나무좀은 보통 작고 우리 눈에 잘 안 띄지만, 처참한 피해를 일으킬 수 있다. 메인의 내 숲에서도 곧 죽을 것 같은 나무에서 나무좀을 많이 봤다.

나무좀과 유충이 지나간 길은 나무껍질 아래 목질 표면에 문신처럼 아름다운 무늬로 남는다. 내 숲에서 얼마 전에 쓰러진 미국물푸레나무에는 거의 곧은 홈들이 나뭇결과 직각으로 뚜렷하게 파여 있었다. 서 있는 나무에서는 수평을 그릴 홈들이었다. 각각의 홈은 2.5~5센티미터 길이였다. 그 홈과 직각으로 교차하여, 그보다 더 짧고 대체로 나뭇결을 따라서 난 홈들도 파여 있었다. 그런 수직 터널은 수평 홈을 가운데에 두고 양쪽으로 40~60개씩 뚫려 있었는데, 유충들이 한 마리에 하나씩 판 것이었다. 나는 미국물푸레나무에서 몇 발자국 떨어져 있는 죽은 발삼전나무 껍질도 벗겨 보았다. 다른 종의 나무좀이 나무를 먹고 있었다. 이 종은 수평 홈을 하나만 파지 않고, 불가사리처럼 보이는 반복적인 패턴으로 팠다. 미국물푸레나무에 새겨진 패턴처럼 여기에서도 수평 홈 하나마다 양쪽으로 더 작은 홈이 무수히 나 있었다. 자연스레 이런 의문이 들었다. 이렇게 이상하고 '예술적인' 패턴은 어떻게 생겨날까? 왜 종마다 패턴이 다를까?

수염하늘소가 남긴 터널은 (짧은 출구 터널을 제외하고는) 거의 전부 유충이 남긴 것이었지만, 나무좀의 터널에서는 성체가 낸 구멍이 유충들에게 상당히 중요하게 기여했다. 터널 뚫기의 첫 단계는 나무좀 수컷이 갓 죽었거나 병들어서 방어력이 떨어진 나무의 껍질을 혼자 뚫고 들어가면서 시작된다. 변재까지 도달한 수컷은 껍질을 뚫고 들어온 지점 바로 밑에 작게 굴을 판다. 그러면 종에 따라서 한 마리 혹은 여러 마리의 암컷이 수컷이 만든 '신방'으로 합류한다. 짝짓기가 끝나면, 암컷은 각자 입구 밑 신방으로부터 방사형으로 뻗어가는 통로 혹은 터널을 뚫는다. 앞에서 말한 물푸레나무에서는 하나의 수평 선으로 보였던 것이 사실은 두 통로가 이어진 것이었다. 발삼전나무에서는 그런 방사형 통로가 보통 네 개였지만, 최대 일곱 개까지도 봤다. 수컷의 '하렘'에 있는 암컷들이 한 마리에 하나씩 통로를 파는 것이다. 그 후 암컷들은 각자 자기 통로에서 일정한 간격을 두고 오른쪽 왼쪽으로 번갈아 가면서 알을 낳는다. 그러면 알에서 부화한 유충들은 어미의 통로에서 직각을 이루는 곁굴을 판다. 따라서 곁굴의 수는 암컷의 자식 수와 같고, 곁굴의 길이는 유충이 변재를 파 먹은 길이와 같다. 유충은 곁굴 끝에서 번데기가 된다. 그리고 (기온에 따라 다르지만) 약 한 달이 지나면, 새로 탄생한 나무좀들이 처음에 아비가 뚫었던 입구를 통해서 나무 밖으로 나온다. (그리고 이제 벌레들이 주

딱정벌레 유충의 섭식 궤적

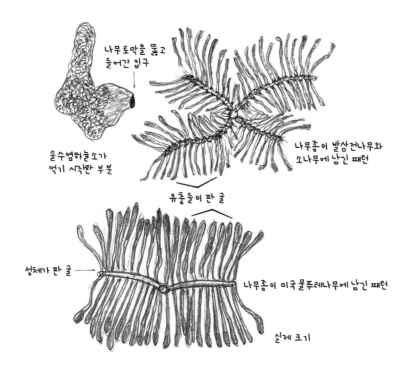

나무토막을 뚫고
들어간 입구

솔수염하늘소가
먹기 시작한 부분

나무좀이 발삼전나무와
소나무에 남긴 패턴

유충들이 판 굴

성체가 판 굴

나무좀이 미국물푸레나무에 남긴 패턴

실제 크기

나무좀이 발삼전나무와 소나무에 남긴 섭식 패턴(오른쪽 위), 그리고 종이 다른 나무좀이
미국물푸레나무에 남긴 패턴(아래). 중앙의 굴은 성체가 팠고, 그로부터 바깥쪽으로 뻗은
굴들은 유충이 팠다. 수염하늘소 유충 한 마리가 소나무에 남긴 섭식 패턴(왼쪽)과 비교해
보라.

입했던 균류와 세균 때문에 나무의 부패가 가속된다.) 따라서 한 딱정벌레 가족의 섭식 패턴은 예술 작품이 아니라 그 종의 사회적 행동, 짝짓기 방식, 나무 분해자로서의 역할을 보여주는 기록인 셈이다.

오두막 문간에 둔 나무토막들이 재활용되는 과정을 살펴본 결과, 고도로 분화한 딱정벌레 장의사들은 어떤 측면에서 동물 사체 처리자들을 연상시키는 데가 있었다. 나무의 방어력에는 기온이 중요하다는 사실도 알 수 있었다. 솔수염하늘소는 매년 한 차례 번식하고, 번식 주기에는 1년이 거의 다 걸린다. 그에 비해서 나무좀처럼 작은 벌레는 훨씬 빨리 성숙한다. 기온이 높고 여름이 길면, 나무좀은 1년에 최대 여섯 세대까지 번식한다.

요즘은 지구 온난화 때문에 나무좀이 한 계절에 더 많은 세대를 거치게 되었다. 기후가 유도한 빠른 번식 속도 때문에 알래스카, 캐나다 북부, 미국 서부 일부 지역에서 숲이 대규모로 파괴되고 있다. 따뜻한 계절이 길어지자 나무좀은 나무의 방어를 압도하면서 집단 공격을 퍼붓고 있고, 여느 때라면 나무좀의 공격을 이겨낼 수 있는 건강한 나무가 점점 더 많이 죽고 있다.

나무는 딱정벌레에게만 매력적인 게 아니다. 벌, 개미, 말벌이 속하는 벌목에는 사회성 곤충이 아니라 독립 생활을 하는 집단이 하나 있는데, 그 유충도 나무를 먹고산다. 크고 튼튼한 그 송곳벌(송곳벌과)은 암컷의 꼬리에 달린 곧고 뻣뻣한 산란관 덮개 때문에 그런 이름이 붙었다. 암컷은 나무토막에 알을 낳을 준비가 되면 덮개에서 바늘처럼 생긴 산란관을 꺼내 몸통과 덮개에 직각이 되도록 아래로 겨눈 뒤, 속이 빈 산란관을 단단한 나무에 거의 끝까지 박아 넣는다. 나무가 적당하다고 판단하면 암컷은 속으로 알을 밀어 넣기 시작하고, 그러면서 균류와 점액질 분비물도 함께 주입한다. 나중에 유충이 나무를 소화하기 쉽게끔 균류의 성장을 촉진하는 것이다. 나무를 뚫는 딱정벌레의 유충과 마찬가지로 이 벌의 유충은 차츰 부드러워지는 나무를 씹어 먹으면서 이동하여 제 뒤로 터널을 남긴다.

곤충의 유충은 아직 단단한 나무 속 깊숙이 숨어 있을 때는 대부분의 포식자와 기생동물로부터 비교적 안전하다. 그러나 맵시벌 중에서 메가르히사 이크네우몬이라는 종은 이 송곳벌 유충에 기생하도록 분화했다. 이 맵시벌 암컷은 산란관 길이가 최대 10센티미터로, 몸통보다 길다(송곳벌의 산란관은 1센티미터밖에 안 된다). 날 때는 길고 까만 실이 몸통에 덜렁덜렁 매달린 것처럼 보인다. 그 '실'은 산란관으로만 이뤄진 게 아니고, 가는 실 두 가닥이 산란관을 감싸서 보호용 덮개를 형성한 구조이다. 이 산란관은 송곳벌의 산란관과는 달리 아주 유연하다. 그래도 맵시벌은 그 산란관을 단단한 나무 속으로 몇 센티미터까지 박을 수 있고, 산란관 끝까지 알을 밀어 넣어서 송곳벌 유충의 몸에 박는다.

송곳벌과는 달리 이 맵시벌은 채찍처럼 유연한 산란관을 힘으로 박아 넣지 못한다. 암컷은 보호용 덮개에서 산란관을 꺼낸 뒤, 등 뒤로 커다란 호를 그리면서 휘어서 끄트머리를 가까스로 나무에 댄다. 곡예라도 하는 듯한 모습이다. 산란은 오래 걸리고 위험한 작업이므로(산란하는 동안 암컷은 나무에 붙박인 셈이고, 산란관을 얼른 꺼낼 수 없으며, 실제로 가끔 그 자리에 붙어버린다), 맵시벌은 나무 속에 표적이 박혀 있다는 사실을 어떻게든 알지 않고서는 그 일에 투자할 리 없다. 암컷이 어떻게 그 사실을 알아내는지는 아직 밝혀지지 않았다.

나무를 뚫는 딱정벌레와 송곳벌이 갓 죽은 나무에서 빠져나와 생애 주기를 완료하면, 그 뒤로 수많은 다른 곤충이 살기에 적합한 서식지가 남는다. 딱정벌레와 송곳벌 유충이 나무에 뚫은 통로는 다양한 곤충에게 이용된다. 우선 균류를 먹고사는 딱정벌레가 득달같이 달려오고, 콜리디움 리네올라처럼 첫 이주자를 먹고살도록 분화한 포식자가 따라온다. 나무좀의 포식자로서 빨강, 주황, 하양, 검정의 알록달록한 무늬를 자랑하는 개미붙이류는 딱정벌레를 으스러뜨리는 강력한 턱 근육을 지탱하기 위해서 머리통이 두껍다. (대조적으로 꽃가루를 먹고사는 딱정벌레들은 머리통이 작다.)

이윽고 나무껍질이 몸통에서 벗겨지기 시작한다. 그러면 더 많은 서식지가 열리고, 또 다른 곤충과 거미가 먹이와 쉴 곳을 찾아서 이주해 온다. 이주자가 정착하면 그들을 먹고사는 포식자, 가령 머리대장과에 속하는 딱정벌레로서 빨갛고 납작한 쿠쿠유스 클라비페스도 따라온다.

나무는 건조하기만 하다면 부식에 오래 저항한다. 그러나 건조한 나무를 먹고살도록 분화한 딱정벌레 유충도 있다. 가루나무좀과나 개나무좀과에 속하는 여러 종의 작은 갈색 나무좀, 그리고 밤샘벌레나 가구벌레라고도 불리는 빗살수염벌레과의 딱정벌레다. 이들의 유충은 나무를 씹어서 그 속에 든 소량의 전분을 섭취한다. 유충이 판 굴은 폭이 겨우 1~3밀리미터이고, 그곳에서 유충이 뱉은 톱밥이 가루처럼 떨어진다. 그 구멍을 통해서 습기가 나무로 침투하고 부식이 더 빨리 진행된다.

유충이 판 굴과 뒤이어 증식한 균류와 세균 때문에 점차 부드러워진 나무는 더 큰 수염하늘소 유충에게 알맞은 서식지가 된다. 그동안 균류는 자실체를 형성하여, 또 다른 딱정벌레들에게 먹이를 제공한다.

열대에서는 축축하게 썩어가는 나무나 다른 식물성 물질에 풍뎅이가 찾아와서 서식한다. 그중에는 남아메리카 헤르쿨레스 딱정벌레라고 불리는 디나스테스속의 장수풍뎅이, 아프리카 골리앗 딱정벌레라고 불리는 골리아투스 기간테우스처럼 세상에서 제일 큰 딱정벌레들도 있다. 골리앗 딱정벌레는 이름값을 한다. 길이는 최대 10센티미터까지 자라고, 유충의 무게는 최대 120그램까지 나간다. 솔새보다 열 배나 무거운 셈이다. 이곳 북동부 숲에서 나무를 먹는 풍뎅이 중 내가 아는 종은 온몸이 새까만 오스모데르마 스카브라뿐이다. 축축하게 썩어가는 견목에서는 통통하고 하얀 그 유충을 거의 늘 볼 수 있다. 이 유충은 반투명하기 때문에 소화관에 짙은 색깔의 나무 곤죽이 들어 있는 모습이 다 보인다. 더 남쪽으로 가면, 풍뎅이과의 아과로서 주로 열대 과일과 꽃을 먹고사는 꽃무지류의 유충도 볼 수 있다. 골리앗 딱정벌레가 이 종류에 속한다. 꽃무지아과는 세계적으로 4,000종이 있다고 추정된다. 대부분 열대에서 살고, 아직 동정되지 않은 종도 많다.

꽃무지는 크기가 엄청나게 다양하다. 선명하고 밝고 보통 금속성을 띠는 근사한 무늬도 그 못지않게 다양하다. 유충은 모두 하얗고, 모두 썩어가는 식생을 먹는다. 그러나 꽃무지 중에서도 제일 큰 종류들은 유충이 주로 썩어가는 나무만 먹고, 성체는 썩어가는 과일을 먹는다. 중간 크기의 종류들은 성체가 꽃잎을 먹고, 제일 작은 종류들은 꽃가루를 먹는다.

성체의 섭식 습관 때문에, 꽃무지는 열대에서 주요한 꽃가루받이 매개체로 기능한다. 많은 식물이 꽃무지에게 꽃가루받이를 맡기도록 분화하여 적응했다. 최근 연구자들이 남아프리카에서 꽃가루받이 생물에게 아무런 먹이 보상을 주지 않는 두 종의 난초를 연구한 결과(꽃을 찾은 방문자에게 먹을 수 있는 꿀이나 꽃가루를 제공하지 않는다는 말이다), 그 식물들은 꽃무지가 방문하지 않으면 열매를 맺지 못하는 것으로 밝혀졌다. 꽃무지가 그런 난초를 방문하는 (그래서 꽃가루받이를 해주는) 까닭은 그 난초가 먹이를 **제공하는** 식물을 닮았기 때문인 듯하다. 따라서 어느 서식지에서 꽃무지와 식물이 다 함께 살아가려면 두 종의 식물이 동시에 존재해야 한다. 언젠가 나는 아프리카 남부 사바나에서 꽃 핀 아카시아나무 주변을 날아다니는 꽃무지들의 모습과 붕붕거리는 소리를 즐겁게 감상했다. 다르에스살람 근처에서는 꽃 핀 망고나무 주변을 날아다니는 꽃무지를 보았다. 꽃무지는 그러는 동안 꽃가루를 옮겼을 것이다. 땅에 쓰러져 썩어가는 나무 둥치에서 크고 흰 꽃무지 굼벵이를 본 적도 있다. 이처럼 나무의 장례를

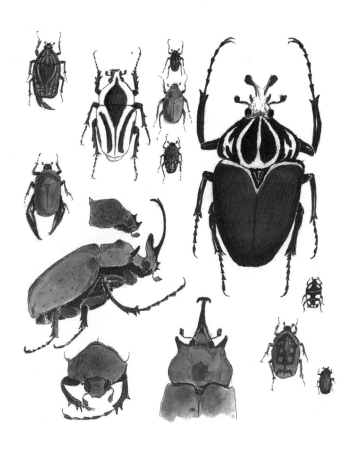

과일과 꽃을 먹고사는 풍뎅이들. 꽃무지류에 속하는 이 풍뎅이들 중에서 하나를 제외한 나머지는 전부 동아프리카산이다. 예외에 해당하는 것은 남아메리카산 남방장수풍뎅이, 즉 디나스테스 헤르쿨레스다. 암컷과 수컷이 네 각도로 그려져 있다(왼쪽 아래). 풍뎅이 중에서도 거인인 장수풍뎅이와 아프리카 골리앗 딱정벌레, 즉 골리아투스 기간테우스(오른쪽 위)는 성체가 과일을 먹고산다. 다른 꽃무지들은 대체로 나무의 꽃가루받이들이다. 유충은 썩어가는 나무나 그 밖의 죽은 식생을 먹는다. 꽃무지는 화려한 색깔로도 유명하다. 금속성 녹색, 노란색, 깊은 갈색으로 휘황찬란하다.

돕는 딱정벌레들은 죽음을 끊임없이 생명으로 바꿔내는 와중에, 살아 있는 계와 직접 상호 작용하면서 대리 번식 기관으로서 긴요한 역할을 수행하기도 한다. 생물학적 공동체에는 어디든 이런 상호 의존 관계가 존재하지만, 이 딱정벌레들의 경우처럼 직접적이고도 단순한 사례는 또 없을 것이다.

일단 균류가 죽은 나무에 자리 잡으면, 이후의 분해 과정은 대부분 균류가 담당한다. 균류학자 폴 스타메츠의 말마따나 균류는 "세상을 구할 수 있다". 균류가 우리 삶에서 맡는 역할을 몇 가지만 꼽자면 식량 제공, 항생물질 제공, 독소 중화 (및 생산) 등이 있다. 그런데 이런 서비스에 가리는 바람에, 균류가 나무를 분해함으로써 토양 형성을 돕는 역할은 과소평가된다 싶기도 하다.

균류는 여러 형태를 취한다. 우리 눈에 보이는 형태도 있지만 대부분은 보이지 않는다. 균류는 나무에서 충분히 영양분을 취한 뒤 번식에 나서기 위해 제 몸을 변형시킨다. 우리 눈에 잘 보일뿐더러 심지어 근사해 보이는 자실체를 키워내는 것이다. 균류의 생식기관으로서 포자를 생산하고 퍼뜨리는 자실체를 우리는 보통 버섯, 콩크, 브래킷이라고 부른다. 이런 구조물을 만들어내는 균류의 기본 몸체는 실그물처럼 생긴 균사체다. 균사체는 나무 둥치에서 몇 년 동안 자라다가, 특정한 기온과 습도가 갖춰지면 그에 반응하여 자실체를 형성한다. 자실체는 밑면에 난 주름에서 무수히 많은 포자를 흩뿌린다. 포자는 주로 바람에 실려서 멀리 날아가고, 그러다가 적당한 장소에 내려앉으면 발아하여 새로운 균사 그물을 형성한다. 교배형이 다른 두 균사가 만나서 유성 포자를 생성하는 경우도 있다.

대부분의 버섯은 며칠이 지나면 썩거나 먹힌다. 각다귀 유충에게 먹힐 때가 많다. 그러나 어떤 버섯은—콩크라고 불리는 종류이다—몇 년을 버티면서, 매년 새롭게 바닥에서부터 포자 형성층을 만들어 올린다. 또 어떤 균류는, 가령 흙에서 자라는 균류는 자실체 형성 주기를 재면 나이를 알 수 있다. 우리 이웃집 잔디밭에서는 어느 해가 되면 이따금 버섯이 활짝 솟아난다. 버섯은 늘 원형으로 솟고, 원은 해가 갈수록 커진다. 일주일쯤 지나면 버섯은 다 썩어버리지만, 버섯을 생산한 균사체는 땅속에 남아서 이후에도 가끔 여름이 되면 자실체를 올려 보낸다.

그와 비슷하게 나무에서 사는 균류도 대부분의 경우에는 우리 눈에 보이지 않는다. 단풍나무를 부패시키는 아르밀라리아 멜레아를 예로 들어보자. 이 균류는 나무껍질 밑에 흰 매트 같은 균사체를 형성한다. 균사체는 생물 발광성이 있기 때문에 어두운 곳에서 스스로 빛을 낸다. 물론 우리는 보통 바깥에서 그 빛을 볼 수 없지만 말이다. 나는 본 적이 있다. 다만 균류가 성장 후기에 접어들었을 때, 나무껍질이 죽어서 느슨하게 떨어졌을 때였다. 그때는 까만 '신발끈'이 빽빽하게 얽힌 것 같은 균사다발이 형성되는데, 그 형태로 몇 달 혹은 몇 년 동안 존재한다. 아르밀라리아 멜레아의 세 번째 형태는 자실체, 즉 생식 포자를 형성하는 작은 갈색 버섯이다. 뽕나무버섯이라고 불리는 이 버섯은 균류에 감염된 나무의 밑둥에서 자라고, 포자를 떨군 뒤 일주일 만에 쇠멸한다.

식용 버섯은 식도락가의 기쁨이다. 우리 가족은 한하이데 숲에서 살 때 버섯을 탐닉했다. 우리는 청소 생물을 먹고사는 청소 생물이었던 것이다. 우리가 주로 먹은 것은 '레푸셴'이나 '슈타인필첸'이라고 불린 종류였고, 그 밖에도 이름이 기억나지 않는 여러 종류를 먹었다. 요즘 미국에서 대히트를 친 버섯은 아시아에서 수천 년 전부터 길러 온 렌티눌라 에도데스, 즉 표고버섯이다. 미국에서는 일본 이름인 '시타케'로 통하는 표고버섯은 맛이 좋고, 면역 기능을 증진하며 단백질 함량도 높다고 알려져 있다. 표고버섯은 갓 벤 나무토막에서 배양되는데—하지만 너무 갓 벤 것은 아니어야 한다—요즘은 버몬트와 메인의 우리 이웃들도 참나무나 단풍나무 토막에서 직접 기른다. 표고버섯 '씨균'을 시장에서 팔기 때문이다. 나도 곧 단풍나무 숲을 솎아야 하는데, 그때 나오는 통나무를 재활용해서 표고버섯을 길러볼 계획이다. 사람들은 딱정벌레 유충이 나무토막에 씨균을 주입해주기를 기다리는 대신, 직접 나무에 톱으로 상처를 내어 씨균을 문질러 넣은 뒤 녹인 밀랍으로 접종한 자리를 봉한다.

뉴잉글랜드 사람들은 그 밖에도 갓 죽었거나 죽어가는 견목에서 사는, 특히 참나무에서 사는 여러 종류의 버섯을 채집해 먹는다. 우리는 늦여름과 가을마다 유황버섯이라고도 불리는 덕다리버섯(라이티포루스 술푸레우스)을 찾아서 숲을 뒤진다. 이 버섯은 '숲의 닭고기'라고도 불리는데, 왜냐하면 맛이…… 닭고기 같기 때문이다. 균류가 한 번에 '맺은' 자실체가 23킬로그램을 넘는 경우도 있다. 잎새버섯

(그리폴라 프론도사)이라고 불리는 균류의 자실체도 그 못지않게 크고 맛있다. 나무를 분해하는 또 다른 균류인 느타리버섯(플레우로투스 오스트레아투스)은 죽은 활엽수에서, 특히 너도밤나무에서 자란다. 이런 균류들의 자실체는 우리의 미각을 간지럽히고 많은 동물에게 긴요한 식량으로 기능하지만, 사실은 눈에 보이지 않는 형태가 나무 분해자로서 훨씬 더 많은 기능을 제공한다.

나무의 분해는 동물에 비하면 답답할 정도로 더디게 진행된다. 하지만 과정이 마무리되기 전에도, 죽어가는 와중에도, 나무는 여러 생명을 부양한다. 그런 전환 단계에서 나무의 몸통은 땅에 쓰러지기 전부터 여러 중요한 생태적 기능을 수행한다.

죽은 나무는 썩기 시작한 뒤에도 수십 년 동안 곧게 서 있곤 한다. 서서 죽은 나무는 숲의 건강을 가늠하는 주요한 지표이다. 왜냐하면, 음, 서서 죽은 나무야말로 숲의 생명을 가늠하는 지표이니까. 숲에 사는 새 중에서 3분의 1 이상은 서서 죽은 나무에 의존한다. 딱정벌레 굼벵이를 먹는 종이라면 우선 먹이를 찾기 위해서이고, 둥지 틀 장소로도 이용한다. 부분적으로 썩은 나무라야만 둥지로 쓸 구멍을 뚫는 공사가 가능하기 때문이다. 나무에게 그런 과도기가 없다면 대부분의 딱따구리는 생존할 수 없을 것이다. 단단하게 살아 있는 나무에 구멍을 뚫을 수 있는 종은 극히 드물다(단단한 겉이 뚫린 뒤, 그보다 좀 더 부드럽고 균류 때문에 더더욱 부드러워진 속층에 구멍을 팔 수는 있겠지만 말이다).

이 현상을 명백하게 보여주는 이야기로, 늙은 아스펜(포플러)나무

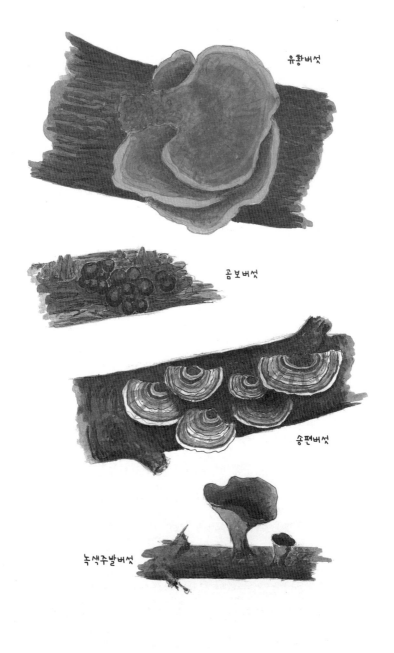

유황버섯

곰보버섯

송편버섯

녹색주발버섯

콩꼬투리버섯

구멍장이버섯

자작나무버섯

잎새버섯

느타리버섯

죽은 나무를 재활용하는 많은 균류 중 일부의 자실체.
현란한 붉은색, 노란색, 초록색에서 검은색, 갈색까지 다양하다.

에서 자라는 말굽버섯(포메스 포멘타리우스)과 가짜말굽버섯이라고도 불리는 진흙버섯(펠리누스 이그니아리우스)의 사례가 있다. 고대부터 불똥으로 불을 지피는 데 쓰였던(1991년에 이탈리아의 빙하에서 꽁꽁 언 채 발견되었던 5,300년 전 인간 외치도 말굽버섯을 갖고 있었다) 말굽버섯은 요즘은 주로 수액빨이딱따구리를 돕는다.

유명한 의사이자 조류학자였던 고 로런스 킬럼은 뉴햄프셔 주 라임의 자기 집 근처에서 노란배수액빨이딱따구리를 연구했다. 그는 이 딱따구리가 말굽버섯의 성숙한 자실체를 일부러 찾아보는 게 분명하다고 주장했다. 균류는 아스펜나무의 심재에서 자라고 심재를 둘러싼 변재는 여전히 딱딱하지만, 균류의 자실체는 그 겉의 나무껍질에서 자란다. 그 자실체가 딱따구리를 끌어들이고, 새는 그 나무에 구멍을 판다. 다른 딱따구리와는 달리, 수액빨이딱따구리는 곤충의 유충을 먹으려고 나무를 파는 게 아니다. 이 새는 단풍나무, 자작나무, 피나무, 참나무 등의 껍질을 뚫어서 흘러나온 수액을 핥는다. 수액빨이딱따구리가 부드러워진 포플러나무에 구멍을 파는 것은 딱딱한 나무를 파기 싫거나 팔 줄 모르기 때문일지도 모른다.

우연히도 나는 킬럼의 1971년 연구를 알기 전에 똑같은 결론을 직접 확인한 적이 있었다. 나는 수액빨이딱따구리의 구멍을 목격할 때마다 균류도 함께 목격했기 때문에, 혹시 이 딱따구리가 균류에 감염된 아스펜나무를 선호하는 게 아닐까 하는 궁금증이 들었다. 나는 포플러가 많은 버몬트의 우리 동네에서 도로변의 포플러 176그루를 조사해보았다. 그중 12그루에 말굽버섯이 돋아 있었고, 12그루 중 5그루에 수액빨이딱따구리 구멍이 있었다. 균류가 없는 나무에는 구멍이 하나도 없었다. 이 딱따구리는 일부러 속이 부드러운 나무를 골라서 둥지로 쓰는 것 같았다. 어쩌면 자실체를 보고서 나무의 상태를 판별하는지도 모른다. 동네의 다른 딱따구리들도 포플러를 이용했지만 균류가 자라는 나무를 선호하는 경향은 없었다. 솜털딱따구리와 큰솜털딱따구리는 죽었지만 아직 단단한 단풍나무를 골라서 꼭대기 가까이에 구멍을 뚫고 새끼를 기른다. 그러나 가을에는 그보다 훨씬 더 썩은 나무를 골라서 더 낮은 높이로 구멍을 파고 밤을 보낸다. 내가 최근에 발견한 큰솜털딱따구리 구멍 두 개는 죽은 지 오래된 발삼전나무, 그리고 흰꽃구름버섯(스테레움 루고숨)으로 부드러워진 자작나무에 나 있었다. 한편 솜털딱따구리의 겨울 쉼터 두 곳은 송편버섯(트라메테스 베르시콜로르)에 감염된 설탕단풍나무 몸통에 2미터쯤 되는 높이로 뚫려 있었다.

이렇듯 딱따구리들은 여건이 되는 상황에서는 각자 선호하는 나무가 있지만 아닐 때는 융통성을 발휘한다. 늘 최선의 결과를 얻진 못하지만 말이다. 메인의 오두막 근처에는 포플러가 거의 없다. 한번은 수액빨이딱따구리 한 쌍이 죽은 단풍나무 그루터기에 구멍을 뚫은 것을 보았다. 내가 그 구멍을 발견한 것은 우연이었다. 비바람에 나무가 부러지는 바람에 깃털도 안 난 새끼들이 땅으로 흘러나왔던 것이다. 내가 발견했을 때는 이미 죽은 뒤였다.

내가 아는 모든 딱따구리 종 새끼들은 다들 무척 시끄럽다. 쉰 듯한 울음소리를 거의 쉼 없이 낸다. 부모를 자극하여 끊임없이 먹이

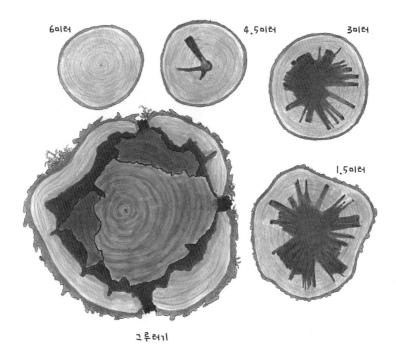

6미터 4.5미터 3미터

1.5미터

그루터기

살아 있지만 그늘에 가려서 곧 죽을 것 같았던 설탕단풍나무에 균류가 퍼진 모습. 균류는 바닥 근처에서 침입했을 것이다(왼쪽 아래). 물리적으로 상처가 난 부분에 새 조직이 자라서, 겉에서 보기에도 세 군데에 흉터가 남았다. 밝게 표시된 심재는 이미 죽어서 썩어가는 (그러나 아직 단단한) 조직이다. 검은 부분은 나무가 감염과 싸우는 부분이다. 단면을 보면 균류는 높이 4.5미터를 약간 넘는 지점까지 번졌다.

를 대령하도록 만들기 위해서일 것이다. 그리고 그 소리는 분명 포식자도 끌어들일 것이다. 새끼 딱따구리가 단단한 나무 속 요새에 머무를 때는 대체로 안전하지만 말이다. 그런데 킬럼이 확인했듯이, 너구리는 가끔 수액빨이딱따구리의 구멍을 부숴서 새끼를 끄집어내는 데 성공한다. 아스펜나무는 단단한 껍데기로 기능하는 변재가 있기 때문에 너구리가 그 속에 든 시끄러운 딱따구리 새끼를 꺼낼 수 없지만, 죽은 단풍나무, 자작나무, 너도밤나무처럼 튼튼한 변재가 없는 나무에 둥지가 있을 때는 너구리가 둥지를 부숴서 침입할 수 있다.

진흙버섯에 감염된 아스펜나무는 노란배수액빨이딱따구리에게 귀중한 자원이다. 그런 나무를 발견하면, 새는 몇 년 동안 연속으로 같은 나무로 돌아와서 둥지를 마련한다. 수액빨이딱따구리는 딱따구리 중에서 유일하게 같은 나무로 돌아오는 종이다(단 매번 새로 구멍을 파는 것은 다른 딱따구리와 같다). 새가 한 나무로 6~7년씩 계속 돌아오면, '공동 주택'이라고 부를 만한 것이 만들어진다. 빈 구멍은 북방날다람쥐의 집으로 재활용되고, 동고비, 관박새, 박새의 집으로도 쓰인다.

큰솜털딱따구리, 솜털딱따구리, 도가머리딱따구리는 둥지를 팔 나무로 견목을 선호한다. 죽었지만 (적어도 겉은) 아직 단단한 부분을 이용하고 보통 아주 높은 곳에 뚫는다. 이 딱따구리들은 수액빨이딱따구리와는 달리 겨울에 남쪽으로 이주하지 않는다. 내가 아는 한 큰솜털딱따구리와 솜털딱따구리는 뉴잉글랜드에서 겨울에 밤을 지낼 쉼터를 직접 짓는 유일한 새다. 새들은 10월에 둥지와 비슷한 구멍을 파는데, 다만 썩어서 파기 쉬운 그루터기를 고른다. 나중에는 숲 속이나 가장자리에서 세 종의 올빼미를 비롯하여 아메리카원앙, 비오리, 동고비, 뿔솔딱새, 나무제비, 유리새, 새매(아메리카황조롱이)가 차례차례 딱따구리가 판 여러 종류의 구멍을 둥지로 삼는다. 검은머리쇠박새와 북방박새도 가끔 둥지를 파는 경우가 있지만, 이 새들은 단단한 나무는 뚫지 못하기 때문에 상당히 많이 썩은 나무만 찾는다. 아메리카나무발발이도 죽은 나무가 필요하다. 둥지를 파진 않지만 늘어진 나무껍질 밑에 둥지를 틀기 때문이다. 이 새는 주로 죽은 침엽수를 이용한다. 열대에서는 거의 모든 앵무, 코뿔새, 오색조, 많은 솔딱새가 나무에 난 구멍에 둥지를 튼다.

나무는 살아서든 죽어서든 물고기들의 생명도 지탱한다. 개울가에 자라는 나무는 물에 그늘을 드리워 시원하게 만들어줌으로써 송어가 숨을 쉬게 한다. 송어는 산소가 많이 필요한데, 따뜻한 물에는 산소가 많이 녹아 있지 않다. 그리고 강송어라고도 불리는 살베리누스 폰티날리스, 즉 초록 대리석 같은 아름다운 바탕에 푸른 원을 두른 붉은 점이 찍혀 있고 지느러미는 가장자리가 붉으며 배는 분홍색이나 붉은색인 북미곤들매기는 다른 모든 생물과 마찬가지로 숨을 곳과 쉴 곳이 필요하다. 강둑에 선 나무의 뿌리는 흙을 붙잡는 데 결정적인 역할을 한다. 물살이 그런 강둑 아랫부분을 깎아서 구멍이 파이면, 송어는 그 속으로 들어가서 가만히 있다가 지나가는 곤충을 잡아먹는다. 나무는 죽어서도 물속으로 들어가서 재활용된다.

내가 사는 버몬트에는 흙길을 따라서 펼쳐진 유역이 있는데, 비버가 없다면 그곳은 특정 계절에만 물이 흐를 것이다. 나무를 거둬서 먹이를 찾고 댐을 짓는 비버 덕분에 이제 그곳에는 1년 내내 물이 흐른다. 비버는 댐 여러 개를 줄줄이 지어서(내가 마지막으로 세었을 때는 15개였다) 계곡 경사면에 계단 식으로 물을 가둔다. 댐은 길이가 약 6미터에서 수십 미터까지 다양하다. 제일 큰 못에는 물고기가 세 종 살고 있다. 개구리 여섯 종, 두꺼비 한 종, 적어도 두 종의 도롱뇽은 그곳을 번식지로 이용한다. 비버가 만든 못은 너무 얕고 여름에는 너무 따뜻해서 강송어에게는 알맞지 않지만, 이곳보다 고도가 높고 서늘한 곳에서는 비버의 댐이 송어의 주된 서식지로 쓰인다.

비버가 굴과 댐을 만들기 위해서 많은 나무를 물속으로 끌어들이기도 하려니와, 가끔은 나무가 저절로 물에 쓰러져서 흐름을 막음으로써 물고기 서식지를 만들어낸다. 몇 년이 흐르면 봄철마다 불어난 물로 나무가 하류로 옮겨지고, 그곳에서 강둑이나 바위나 다른 나무에 걸려서 통나무 댐을 이룬다. 물살이 나무 위로, 아래로, 옆으로 휘돌면서 구멍을 파거나 웅덩이를 이룬다. 수위가 낮은 더운 여름철에 송어는 그런 곳에 숨어서 시원하게 지낸다. 보기 드문 이런 병목 구간이 송어와 연어의 생존에는 큰 차이를 낳는다.

숲에서도 마찬가지다. 죽어서도 여태 서 있던 나무는 결국 쓰러져서 상당히 다른 종류의 생물들로 구성된 생태계를 만들어낸다. 이런 생태계로서의 나무는 균류와 세균의 작업이 진행됨에 따라 꾸준히 변화한다. 땅바닥 근처의 습기, 풍부한 산소, 온기가 균류를 도와서

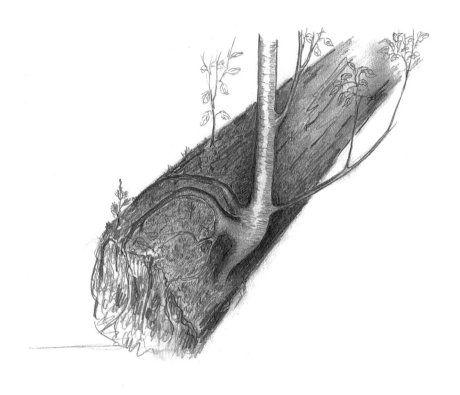

늙은 소나무 몸통에서 루테아자작나무가 자라고 있다. 쓰러져 썩어가는 나무는 다른 나무
를 키우는 역할을 한다. 땅이 나뭇잎으로 뒤덮였을 때 그보다 높은 위치에 뿌리 내릴 공간을
제공함으로써, 영양분을 많이 저장하지 못한 씨앗이 뿌리를 잘 내리도록 돕는 것이다.

나무를 부드럽게 만든다. 이끼가 썩어가는 둥치를 덮어, 아무것도 없었다면 그냥 쓸려가버렸을 빗물을 붙잡는다. 가을마다 떨어져서 평지를 두껍게 덮는 나뭇잎 층을 좀처럼 뚫지 못하는 나무, 내 숲에서라면 가령 루테아자작나무는 땅에 쓰러진 이끼 덮인 통나무 위에서 묘목으로 성장할 기회를 잡는다. 나는 1750년대 중반에 북아메리카를 여행하고 기록을 남겼던 스웨덴 자연학자 페르 칼름의 글을 읽다가, 성숙하고 오래된 활엽수림에서는 이런 이끼 덮인 '보호수'가 몇몇 수종을 유지하는 데 긴요한 역할을 하는 게 아닐까 하는 생각이 들었다. 칼름은 펜실베이니아의 숲에 자라는 나무들이 거대하다는 점, 그리고 하층 식생이 희박하다는 점에 놀랐다. 그곳 숲에는 다람쥐가 잔뜩 돌아다녔고, 사람들은 숲에 돼지를 풀어 견과류를 찾아 먹게 했다. 이런 숲에서 견과를 맺는 나무가 선호된 까닭은 무엇일까? 칼름이 11월 13일에 쓴 글에서 단서를 엿볼 수 있다. "지금은 나뭇잎이 다 떨어졌다. 참나무에서도 다른 낙엽수들에서도 다 떨어졌다. 나뭇잎이 숲 바닥을 6인치[15센티미터] 두께로 덮고 있다." 견과처럼 큰 씨앗에서 자라는 묘목만이 그런 두꺼운 나뭇잎 층을 뚫고 들어갈 수 있는 것이다. 작은 씨앗에서 자라는 묘목은 숲 천장의 햇빛을 받는 경주에 참가하기 위해서 쓰러진 나무를 발판으로 활용한다.

쓰러진 나무가 분해되기 시작하면 슬슬 지네와 노래기도 찾아온다. 가을에는 말벌, 딱정벌레, 그 밖의 곤충이 구멍을 뚫고 들어와서 동면한다. 나무는 몇 년에 걸쳐서 점차 가라앉고, 가을이면 나뭇잎으로 덮이며, 결국 부엽토로 바뀌어 흙으로 돌아간다.

약 20년 전, 오리건 주립 대학 산림학과 과학자들은 향후 200년에 걸쳐서 캐스케이드 산맥에서 썩어가는 통나무 530그루를 연구하는 프로젝트를 시작했다. 연구는 아직 갈 길이 멀다. 거대한 통나무가 썩는 데는 시간이 많이 걸리기 때문이다. 그러나 마크 M. 하먼 교수가 말했듯이 "지금까지 알아낸 사실만 해도 벌써 기존의 지혜에 어긋나는 것이 많다".

지금까지 밝혀진 제일 중요한 사실은, 썩어가는 나무가 숲의 영양 순환에 영양분을 공급하며, 이전에 (일부) 사람들이 짐작했던 것보다 숲 건강에 훨씬 더 중요하게 작용한다는 점이다. 숲의 성장을 제약하는 핵심 요소는 질소를 이용할 수 있느냐 없느냐이다. 그런데 썩어가는 나무는 질소를 배출하여 재사용되게끔 한다. 더 중요한 점은 나무가 부패하는 과정에서 분해자들이 공기 중의 질소를 포획하여 단백질로 전환한다는 사실이다. 갈색부후균이 나무의 리그닌 성분을 분해하지 못하여 남긴 물질이 토양 형성을 돕는다는 점도 중요하다. 그에 비해 백색부후균은 나무의 모든 부분을 처리할 줄 아는데, 다만 정해진 몇몇 수종에서만 활동하고 종에 따라 활동 속도가 달라진다. 따라서 숲의 수종은 토양과 숲 재생에 장기적으로 영향을 미친다. 내가 짐작하건대, 수종의 다양성이 토양에 영향을 미쳐서 숲의 성장을 촉진한다는 사실이 확인되지 않을까 싶다. 토양은 나무가 죽어서 남긴 잔해만이 아니라 나무가 살면서 평생 떨어뜨린 잎사귀로도 형성된다는 사실 역시 확인될 것이다.

교외 지역의 깔끔하게 손질된 잔디밭에는 가을마다 주변의 자작나무, 물푸레나무, 단풍나무에서 떨어진 잎이 담요처럼 덮인다. 사람들은 나뭇잎이 쓰레기라도 되는 것처럼 갈퀴로 꼼꼼하게 긁어모은 뒤(더 나쁜 경우에는 바람을 불어내는 시끄러운 송풍기로 날린다) 까만 비닐봉지에 쑤셔넣고 쓰레기 수거차가 가져가도록 봉지를 길가에 내놓는다. 그러나 나는 나뭇잎을 떨어진 자리에 둔다. 그러면 비와 눈이 나뭇잎을 납작하게 다진다. 초봄에 처음으로 땅을 흠뻑 적시는 비가 오면, 아직 풀은 자라지 않았을 때, 나뭇잎 청소부(지렁이)가 밤마다 땅속에서 나와서 작업을 개시한다. 지렁이는 굴에서 몸을 뻗어 축 늘어진 젖은 나뭇잎을 물고 땅속으로 끌고 들어간다. 아침이면 잔디밭 여기저기 나뭇잎이 세로로 서 있을지 모르는데, 그것은 지렁이들이 반쯤 끌고 들어갔는데 해가 떠버린 결과이다. 지렁이는 첫 햇살이 비치면 대개 하던 일을 그만두고 지하로 물러난다. 굳이 울새에게 잡아먹힐 위험을 감수하지 않는다. 지렁이는 나뭇잎을 더 많이 찾을수록 더 많이 번식하고, 그리하여 잔디밭에 영양과 산소를 더 많이 공급하며, 풀이 더 잘 자라게 한다.

숲의 토양 형성도 비슷하다. 내가 익숙한 메인의 숲은 벌목이 이뤄지기는 해도 여전히 야생적이고 멋지다. 이 숲의 매력이자 야생성을 지키게끔 하는 요소는 방대함이다. 숲이 방대하면 대체로 '깨끗함'은 좌절되고, 지저분하게 널린 검불은 장려된다. 나무가 썩어서 부식질과 흙으로 재생될 시간이 충분하다.

숲의 토양은 여러 종이 복잡하게 공존하는 생태계로, 어떤 면에서는 그 자체가 하나의 생물체나 다름없다. 에드워드 O. 윌슨은 『바이

오필리아』에서 한 줌의 토양을 이렇게 묘사했다. "이 볼품없는 흙덩이에는 다른 [생명 없는] 행성들의 표면을 전부 합한 것보다 더 많은 질서와 풍성한 구조가 담겨 있고, 더구나 더 풍성한 역사가 담겨 있다. 이것은 축소판 자연이다. 이것을 탐구하는 데는 영원이 필요할지도 모른다." 그런 토양을 이 자리에서는 짧게만 탐구하자. 토양의 세균은 단백질이 분해될 때 나오는 암모니아를 취해서 유용한 질산염으로 바꾼다. 어떤 세균은 대기 중의 기체 질소를 가져와서 토양에 고정시킨다. 토양에서 번성하는 세균의 종류가 그곳에서 자라는 식물의 종류를 결정짓기도 한다. 산소가 부족한 환경에서는 세균이 탈질소기처럼 활약하여 질소를 대기 중으로 내보낸다. 방선균이라는 종류는 유기물질을 분해하여 부식질을 형성하는데, 똑같은 역할을 수행하는 균류도 엄청나게 많다. 어떤 균류는 나무를 비롯한 식물의 뿌리와 공생 관계를 이루어서 산다. 그것이 균근이다. 나무가 토양에서 영양분을 흡수하려면 균근이 있어야 한다.

토양 미생물은 죽은 동식물에서 나온 물질을 분해함으로써, 유기분자에 묶여 있던 질소와 인을 식물이 성장에 이용할 수 있는 형태로 배출시킨다. 그러므로 장기적으로 숲 토양에는 죽은 나무, 혹은 벌목하고 남은 검불이나 '쓰레기'가 필요하다. 그것들이 영양분을 공급하니까. 복잡한 화학은 차치하더라도, 유기물질을 간직한 토양은 그 질감 때문에 물을 잘 붙잡아두므로 자라는 나무에게 끊임없이 물을 공급할 수 있다. 탄소, 질소, 물의 순환은 토양에서 서로 만나고 죽은 나무에서 서로 교차하여 숲에 생명을 준다.

토양은 숲의 생산성에도 중요하게 기능한다. 그러니 과거에 숲이었던 농지에 비옥함을 부여하는 요소도 토양이라고 말할 수 있다. 요즘 토양은 임업과 농업 면에서의 역할을 넘어, 대기 중 이산화탄소와 기후 변화에 미치는 영향 면에서도 뜨거운 주제로 떠올랐다. 나무가 포획한 탄소는 줄기나 깊은 뿌리에 저장될 경우 몇 백 년 동안 대기로 도로 배출되지 않는다. 나뭇잎에 포획된 경우라면, 잎이 떨어져서 흙으로 통합되는 1~2년 뒤에는 도로 배출될 것이다. 토양은 어느 시점이든 약 60퍼센트가 탄소다. 그렇다면 토양의 탄소는 산업혁명이 시작될 때 약 275피피엠이었으나 지금은 389피피엠으로 상승한 대기 중 이산화탄소 농도에 어떤 영향을 미칠까? 토양에서 이산화탄소가 배출되는 과정은 토양 미생물과 균류가 통제하는데, 기온이 오르면 그들의 활동이 늘어난다. 북극은 전 세계 토양 탄소의 절반가량을 보관하고 있다고 한다. 현재는 그곳이 '영구동토'이기 때문에 토양 탄소가 배출될 일이 없다. 그러나 기온이 몇 도만 높아져도 영구동토가 녹을 테고, 그러면 대기 중 탄소 농도에 엄청난 영향을 미칠 것이다. 나무도 대기로 배출된 탄소를 '포획'할 수 있지만, 그런 나무도 토양에 뿌리 박지 않은 한 탄소를 오래 보관하진 못한다. 최근 연구에 따르면, 나무가 이산화탄소를 더 많이 흡수할수록 놀랍게도 나무가 뿌리 내린 토양 속 이산화탄소는 더 많이 배출된다고 한다. 나무의 성장이 빨라지면 뿌리에서 영양분이 더 많이 배출되고, 그러면 토양 미생물과 균류가 자극을 받아서 토양에 포획된 탄소를 더 많이 배출하는 게 아닐까 싶다.

사람들은 대기 중 잉여 탄소를 포획할 요량으로 늙거나 죽은 나무를 베고 그 대신 젊고 '건강한' 나무를 심곤 한다. 그러면서 인간이야말로 신이 지구에 선사한 위대한 분해자라고 우쭐할지도 모른다. 자연의 나무들은 수만 그루의 후손 중 한 그루만 살아남아 번식하는 과정을 40억 년간 겪으면서 선택된 것인데도, 우리는 유전자 조작된 '우월한' 품종을 심으면서 그런 나무가 자연이 만든 나무보다 더 '환경적'이라고 여긴다. 우리가 자연보다 일을 더 잘한다고 뻐긴다. 그러나 곤충, 균류, 세균, 비버가 설계한 해법이야말로 죽은 나무를 생명으로 순환시키는 온갖 방법 중에서 가장 안정적이고, 효율적이고, 섬세하고, 협동적이고, 체계적인 방법이다. 그것은 현실의 조건에서 억겁의 시간 동안 시험을 거친 방식이다. 우리 인간들이 눈앞의 이득에 급급해 세부적인 부분을 요모조모 뜯어고치는 방식으로는 자연의 방식을 개선하기가 거의 불가능하다.

제3부. 식물 장의사들

7

똥을 먹는 벌레

1970년대 중반, 나는 캘리포니아 대학 로스앤젤레스 캠퍼스(UCLA)의 조지 A. 바살러뮤와 함께 케냐의 차보 국립공원으로 갔다. 내 박사학위 지도 교수였던 바트는 나를 생태생리학자의 길로 이끈 장본인이었다. 우리가 케냐로 간 것은 소똥구리의 생리, 행태, 생태를 연구하기 위해서였고, 우리가 처음 관심을 집중한 대상은 코끼리 똥을 먹는 헬리오코프리스 딜로니였다. 참새만 한 이 소똥구리는 탱크처럼 튼튼하고, 매처럼 잘 날고, 단단하게 다져진 땅에 불도저처럼 힘차게 터널을 뚫는다. 일부일처를 맺는 암수는 신선한 코끼리 똥으로 새끼 한 마리를 키운다. 그러기 위해서 암수는 코끼리 똥을 지하 보금자리로 가지고 내려가서 동그랗게 빚는다.

　내가 아프리카 코끼리 소똥구리를 처음 본 것은 그로부터 10년 전, 메인 대학에서 학부생으로 공부할 때였다. 부모님이 예일 대학 피보디 박물관의 의뢰로 1년간 탕가니카(지금의 탄자니아)로 조류 수집 탐사를 떠날 때 나도 따라갔다. 1년의 탐사 기간 동안 내가 했던 일 중 하나는 메루 산 인근 숲에 그물을 쳐서 새를 잡는 것이었다. 동틀녘에 일찌감치 가서 확인하면, 코끼리가 근처에 있었을 때는 늘 소똥구리가 그물에 많이 걸려 있었다. 밤중에 신선한 똥을 향해서 날다가 걸린 것이었다. 4년 뒤 UCLA에서 나는 곤충의 비행을 생리학적으로 살펴보고 그것이 몸집이나 체온과 어떤 관계가 있는지 알아보는 연구를 했다. 대체로 큰 곤충은 몸이 뜨겁고, 작은 곤충은 뜨겁지 않다. 코끼리 소똥구리는 내가 본 어떤 딱정벌레보다도 컸기 때문에 녀석을 확인하는 것은 연구를 마무리짓는 '필수' 단계일 것 같았다. 그런데 실험실에서는 소똥구리를 날게 할 수 없었다. 최소한 체온이 안정될 때까지 오래 날게 할 수 없었다. 그러나 소똥구리가 날아올 것이 분명한 장소, 즉 신선한 코끼리 똥에서 기다리고 있다가 날아오는 녀석들을 중간에 낚으면 손쉽게 비행 체온을 잴 수 있을 것이었다. 게다가 크기가 다양한 다른 종도 많이 날아올 테니, 실험에 필요한 통제 조건도 형성될 것이었다. 조류와 포유류의 세계적 전문가인 바트에게 이것이 얼마나 흥미로운 프로젝트인지 설득하는 일은 어렵지 않았다. 바트는 너그러이 경비를 대주었을 뿐만 아니라 몸소 동행해 주었다.

아프리카에서는 어느 지역이든 소똥구리를 최대 150종까지 볼 수 있다. 남부에서만 780종이 산다. 우리가 갔을 때 차보 국립공원은 우기가 시작되는 시기였다. 소똥구리 활동이 절정에 달하는 시기이다. 우리는 붉은 먼지를 뒤집어쓴 채 막 돋은 싱그러운 풀을 뜯으면서 어슬렁어슬렁 돌아다니는 코끼리 100여 마리를 만났다. 군데군데 흰 꽃을 피운 키 작은 덤불마다 분필처럼 흰 나비가 펄럭거렸다. 노란 꽃을 터뜨린 아카시아나무에서는 금속성 초록색을 띤 꽃무지가 윙윙거렸다. 코끼리는 코로 풀을 다발째 뽑아서 야무지게 입에 쑤셔넣었다. 코끼리는 한 마리당 매일 수백 킬로그램씩 풀과 잔가지를 소화한 뒤, 농구공만 한 롤빵처럼 생긴 똥을 주기적인 간격으로 땅에 떨군다.

코끼리 떼가 도중에 만나는 식생을 모조리 먹어 치우면서 이동하면, 그 뒤로 똥 무더기가 줄줄이 이어진 자취가 남는다. 대낮에 그걸 본 관광객은 똥 무더기마다 소똥구리가 엄청나게 많이 붙어 있다는 사실에 놀라겠지만, 어두워진 뒤에 펼쳐지는 가공할 만한 광경에 비하자면 대낮의 활동은 사실 아무것도 아니다. 바트와 나는 저녁에 차보 로지에서 다른 손님들과 함께 위스키나 마시고 싶었지만, 우리는 코끼리를 보러 온 게 아니라 코끼리 똥에 붙은 딱정벌레를 보러 온 것이었으니 대개의 딱정벌레가 활동하는 한밤중에 밖으로 나가야 했다.

코끼리 떼가 얼마 전에 지나간 곳을 밤중에 가보면, 혹은 낮에 양동이에 담아두었던 신선한 똥을 밤중에 땅에 쏟으면, 걸걸한 기침 소

똥 덩이 속의 소똥구리 번데기

똥을 굴리는 소똥구리 한 쌍(오른쪽). 수컷이 공을 밀고 암컷은 가만히 타고 있다. 똥은 땅에 묻혀서 유충의 먹이가 되고, 유충은 나중에 똥 덩이 속에서 번데기가 된다(왼쪽 단면).

리 같은 사자들의 포효가 시작된 직후, 나지막이 윙윙거리는 소음이 들려올 것이다. 소똥구리 수백 마리가, 나중에는 수천 마리가, 똥 무더기를 정확하게 겨냥하여 날아오는 소리다. 소똥구리는 쌀알보다 약간 더 큰 종부터 참새만 한 헬리오코프리스 딜로니까지 크기가 다양하다. 한번은 우리가 신선한 코끼리 똥 0.5리터를 쏟아서, 불과 15분 만에 소똥구리 3,800마리가 달려든 것을 헤아리고 수집했다! 소똥구리의 전체 무게는 우리가 쏟았던 똥 무게를 능가했다. 소똥구리는 매일 밤 똥을 그 자리에서 먹거나, 지하 터널로 끌고 들어가거나, 동그랗게 빚어서 다른 장소로 굴려 간 뒤에 땅에 묻는다. 한두 시간이 지나면, 코끼리 똥이 떨어졌던 자리에는 영양분 있는 즙이 거의 다 빠져나가고 건조한 섬유질만 남아 성기게 뭉친 지름 2미터의 팬케이크 같은 게 남을 뿐이다. 그때까지도 쌀알만 한 소똥구리 수백

제3부. 식물 장의사들

마리가 그 속에 파묻혀서 마지막으로 남은 변변찮은 영양분이나마 뽑아내려고 애쓴다.

우리는 곧 개체수가 많고, 몸집이 크고, 코끼리 똥을 빚어서 굴리는 종에게 흥미를 느끼게 되었다. 확인해보니 스카라바이우스 라이비스트리아투스라는 종이었다. 이 소똥구리는 정확히 해거름에, 그러니까 우리가 야간 작업을 시작하려는 순간에 현장에 도착했다. 녀석들은 신선한 똥으로 조심조심 걸어와서, 더듬이로 가만가만 만져본 뒤, 양 앞다리에 붙은 쇠스랑 같은 갈퀴와 머리통 앞쪽에 삽처럼 튀어나온 부분을 써서 똥을 잘랐다. 약간 뜯어낸 똥을 앞다리로 탁탁 다진 뒤, 좀 더 뜯어내기를 반복했다. 그렇게 해서 골프공만 하거나 더 클 때는 야구공만 한 공을 거의 완벽하게 동그랗게 빚었다. 그 과정에는 10분에서 30분이 걸렸다. 공을 다 빚은 소똥구리는 길고 날씬한 뒷다리를 공에 얹고 앞다리를 땅에 붙여서 거의 물구나무선 자세를 취했다. 그러고는 진행하려는 방향과 반대되는 방향을 바라본 채, 앞다리로는 뒷걸음질치고 뒷다리로는 공을 차서 굴리기 시작했다. 그러나 본격적으로 굴리기 전에, 다른 소똥구리들이 날아와서 사랑의 수고가 들어간 녀석의 작품을 훔치려고 들었다. 수컷이 빚은 똥은 결혼 선물이나 성적 과시로 쓰이기 때문에 다른 경쟁 수컷들이 탐내는 것이었다.

새로 도착한 S. 라이비스트리아투스 소똥구리들은 똥 무더기를 검사하긴 해도 당장 빚을 생각은 하지 않았다. 그 대신 한창 공을 빚고 있는 녀석에게 다가가서 거의 다 완성된 공에 올라탔다. 공을 빚는 녀석이 수컷이고 올라탄 녀석이 암컷이라면, 암컷은 공에 몸을 착 붙인 뒤 꼼짝하지 않았으며 수컷은 암컷을 받아들이고 계속 공을 굴렸다(암컷이 공 굴리기를 적극적으로 돕는 종도 있고, 암수 모두가 공을 굴리는 종도 있다). 수컷은 히치하이커를 공에 난 혹처럼 여기고 신경 쓰지 않았다. 그러나 두 소똥구리가 공에서 맞대결을 펼치는 경우도 흔했다. 아마도 둘 다 수컷일 텐데, 그때는 서로 상대를 튕겨내려고 했다. 공을 빚은 녀석은 자기 작품을 다른 수컷에게 내줄 의향이 없었다.

혼자서 혹은 둘이서 공을 굴리는 소똥구리들은 무작위로 고른 듯하지만 일관된 방향으로 전진했다. 모종의 지형지물이나 하늘의 표지를 기준으로 삼아서 그로부터 일정한 각도를 유지하는 듯했다. 적당한 거리를 이동했거나 부드러운 흙에 도착하면 공을 묻었다. 묻는 방법은 니크로포루스 송장벌레가 죽은 생쥐를 묻는 것과 거의 같았다. 두 마리라면, 소똥구리들은 둥지로 쓸 굴을 판 뒤에 짝짓기를 하고, 수컷은 떠났다. 암컷은 알을 하나 낳고 계속 머물면서 알이 든 똥을 보살폈다. 똥은 발달하는 유충의 요람인 동시에 식료품 저장고다. (식량의 부피는 송장벌레가 이용하는 동물 사체와 비슷할 테지만 단백질은 훨씬 적다. 송장벌레가 알을 10여 개 낳는 데 비해 소똥구리가 하나만 낳는 것은 그 때문이다.) 소똥구리는 수명이 최장 2년이라서 평생 여러 차례 알을 낳을 수 있고, 매번 다른 상대와 낳는다.

소똥구리들이 똥을 땅에 묻는 과정에서 점토질이 풍부한 흙이 똥 표면에 묻는다. 소똥구리가 땅속에서 침으로 좀 더 다듬으면, 똥 덩

제3부. 식물 장의사들

이에 단단한 껍데기가 형성된다. 암컷은 유충이 똥을 거의 다 먹고 속이 빈 공간에서 번데기로 변할 때까지 곁에 남아서 공을 지키고 보살핀 뒤에야 떠난다. 갓 변신한 번데기는 말랑한 데다가 우윳빛이지만, 잘 보면 다리나 다른 신체 부위가 어렴풋이 드러나서 꼭 거즈 천으로 감싼 이집트 미라를 연상시킨다. 부모가 알을 낳은 지 1년쯤 지나서 다시 비가 내리고 땅이 부드러워지면, 성체로 변태한 새끼가 '미라 관'에서 나온다. 소똥구리는 똥과 침으로 된 껍데기를 부순 뒤 땅을 파고 올라온다. 그러고는 아마도 밤이 될 때까지 기다렸다가, 어두워지면 신선한 똥 냄새가 피어오르는 곳을 찾아서 초원을 날아간다.

나는 코끼리 똥이 (또한 다른 여러 동물의 똥이) 왜 그렇게 귀한 자원으로 여겨지는지 궁금했다. 똥은 쓰레기 아닌가? 코끼리는 왜 섭취한 식생으로부터 영양분을 죄다 뽑아내지 않는 걸까? 현재의 가설에 따르면, 코끼리의 장에서 음식물이 워낙 빨리 통과하기 때문에, 코끼리는 말하자면 그중 정수만 취할 수 있다고 한다. 그러나 소똥구리 수천 마리가 0.5리터의 똥에서 영양분을 충분히 발견할 정도라면 그만큼 많은 영양분이 똥에 남아 있다는 말이다. 코끼리에게는 에너지 효율을 높이는 선택압이 강하게 작용하지 않았나? 그럴 리는 없다. 코끼리는 몸집도 크고 에너지 요구량도 크니까, 무엇이 되었든 먹은 것에서 마지막 1그램까지 에너지를 짜내도록 강한 선택압을 받았을 게 분명하다. 이 대목에서 문득 생각난 사실이 있었다. 코끼리의 소화 효율은 장에 공생하는 미생물에 의존한다는 사실이다. 장내 미생물에게는 코끼리가 섭취한 섬유질을 분해할 수 있는 효소가 있다. 마술사처럼 재주 좋은 그 공생자와 코끼리의 관계는 소와 인간의 관계와 같은 셈이다. 미생물의 '주인', 즉 장에서 미생물을 기르는 코끼리는 절제를 익혀야 한다. 근시안적인 이득에 혹한 나머지 공생자까지 죄다 죽여버리는 소화 효소를 진화시켜서는 안 되고, 미생물이 장에서 살도록 허락해야 한다. 코끼리에게는 실제로 장내 '소 떼'를 소화시키지 못하게 막는 모종의 메커니즘이 있을지도 모른다. 공생자는 공생자대로, 숙주에게 소화되지 않도록 막아주는 메커니즘을 진화시켰을 것이다. 그 결과, 미생물 중 일부는 온전한 상태로 똥에 실려 밖으로 나온다. 코끼리에게야 미생물이 황금 알을 낳아주는 거위이니 죽여서는 안 될 경제적 제약이 있지만, 그런 제약이 없는 다른 동물에게는 밖으로 나온 미생물이 훌륭한 단백질 공급원이다. 그러니 코끼리에게 꼭 필요하지만 코끼리가 전부 다 보관하지는 못하는 장내 공생자 덕분에 소똥구리가 공짜 식사를 즐기는 게 아닐까 하는 게 내 추측이다.

똥은 많은 동물에게 귀한 자원이다. 똥을 재활용하는 습성은 똥이 자연에 등장한 직후부터 진화했을 것이다. 몬태나 주 투메디슨 암층에서 발굴된 백악기 퇴적물을 보면, 똥을 처리하는 딱정벌레는 그때부터 비교적 '현대적인' 매장 행동을 진화시켰다. 그리고 그때부터 벌써 그런 벌레가 많았다. 소똥구리가 땅을 파는 것은 어렵사리 수집한 똥을 경쟁이 치열한 지상으로부터 치우기 위해서일 것이다. 똥을 공급하는 동물이 워낙 많으니—코끼리, 버펄로, 영양, 기린, 혹멧돼지,

비비원숭이, 사자, 하이에나, 재칼, 표범, 하마, 인간, 코뿔소—양은 충분하고 종류도 다양하다. 똥을 떨어뜨리는 동물은 재활용을 맡은 생물들의 도움을 빌려서 토양 형성에 기여한다. 식물의 씨앗을 퍼뜨리고 심는 데 기여하는 경우도 많다. 씨앗도 장내 미생물처럼 동물의 장에서 소화되지 않고 산 채로 빠져나온다. 가령 과일을 좋아하는 코끼리는 과일을 제공한 식물의 씨앗을 엄청나게 많이 퍼뜨린다. 어떤 식물들이 특정 종의 말벌이나 벌에게만 꽃가루받이를 의존하여 서식지를 넓히듯이, 어떤 식물은 코끼리에게만 의존하여 씨앗을 퍼뜨린다. 최근 연구에 따르면, 아시아코끼리는 1~6킬로미터까지 씨앗을 퍼뜨리고 둥근귀코끼리는 최대 57킬로미터까지 퍼뜨린다.

나는 아프리카에서 수집한 소똥구리들을 검사하며 그림으로 그릴 때, 종마다 참으로 완벽하고 독특한 형태와 크기를 가졌다는 사실에 감탄했다. 맨 처음 그린 종은 덩치가 제일 크고 코끼리 똥만 먹는 헬리오코프리스 딜로니였다. 이 소똥구리는 코끼리 똥으로 날아와서 불시착한 뒤, 큰 막날개를 암적갈색 딱지날개 밑에 접어넣고, 마치 육상 팀에 낀 근육질의 투척 경기 선수처럼 어슬렁어슬렁 걸어온다. 이 소형 불도저는 땅에 거의 수직으로 터널을 판다. 납작한 머리통 앞부분에는 불도저 날처럼 튀어나와서 네 갈래로 갈라진 연장이 있고, 앞다리 아랫마디에는 헐거워진 흙을 옆으로 밀치는 데 쓰는 삽 같은 돌기들이 옆으로 나 있다. 뒷다리는 짧고 두껍고 근육질이다. 뒷다리 아랫마디 끄트머리는 힘을 끌어내는 '디딤판'처럼 작용한다. 대부분의 딱정벌레는 아랫마디 끝이 점처럼 뾰족하지만, *H.* 딜로니는 단면이 정사각형에 가까운 데다가 뒤쪽을 향한 가시들이 나 있어서 소똥구리가 머리부터 땅으로 파고들 때 마찰력을 제공한다. 수컷은 코끼리 똥 밑에 터널을 판 뒤 그곳에서 암컷을 만난다. 그리고 자신은 터널 입구에 머물면서 밑에 있는 암컷에게 똥을 더 많이 내려보낸다. 암컷은 똥을 공처럼 빚어서 산란지 겸 유충의 먹이로 쓴다. 터널을 파는 종 중에는 암컷이 공을 여러 개 빚을 만큼 수컷이 똥을 많이 내려보내는 경우도 있다. 그러면 한 보금자리에서 새끼가 여러 마리 태어난다.

불도저 같은 *H.* 딜로니가 있는가 하면, 롤러처럼 공을 굴리는 종도 있다. 이런 종들은 크기가 제각각이지만, 다들 원래 무더기에서 똥을 조금만 뜯은 뒤에 맘 놓고 독차지할 수 있는 다른 장소로 가져가서 묻는다. 그중에서 *S.* 라이비스트리아투스는 상체가 두툼하고 다리가 홀쭉한 장거리 주자와 같다. 이 종은 시속 30킬로미터로 날아와서 속도를 유지한 채 달려서 착륙한다. 앞에서도 말했지만 이 종은 어스름이 깔리자마자 맨 먼저 나타난다. 그 직후에 수천 마리 소똥구리가 구름처럼 뒤따른다. 나중에 나타난 녀석들은 대부분 몸집이 작고, 똥 속에 곧바로 몸을 묻는다. *S.* 라이비스트리아투스는 빨리 올 이유가 있다. 똥을 둘러싼 경쟁이 치열하기도 하려니와, 똥을 뭉쳐서 다른 곳으로 굴려 갈 시간이 필요하기 때문이다. 지상에서 똥 무더기에 계속 얼쩡거리면 위험하다. 몽구스, 아니면 코뿔새나 뿔닭 같은 새가 똥을 뒤져서 곤충을 잡아먹기 때문이다. 나는 몽구스가 왔다 간 자취에 큰 소똥구리 잔해도 함께 있는 것을 종종 목격했는데, 부드러운 배는 뜯겨

나가고 나머지만 남은 잔해였다. 똥 무더기는 큰 동물의 사체에 뒤지지 않는 기회의 장소이지만, 거기에는 위험도 잔뜩 도사리고 있다.

아프리카에서는 어딜 가나 인류의 기원을 떠올리게 된다. 똥과 소똥구리를 찾아서 땅을 살피노라면, 뗀석기처럼 생긴 돌멩이가 불쑥불쑥 나타났다. 그중에서 길이가 15센티미터이고 날카롭게 깎은 자국이 많은 돌은 최대 150만 년까지 거슬러 올라가는 아슐 문화의 주먹도끼임에 분명한 것 같았다(80쪽 그림을 보라). 나는 그 돌을 집었고, 지금까지 간직하고 있다. 사냥감 동물이나 죽은 동물을 자르는 데 썼을 법한 이 주먹도끼가 정말 그런 물건이었다는 사실이 아직도 실감나지 않는다. 근처 암굴에 그려진 벽화를 보노라면, 그곳에서 진화했던 호미니드가 죽은 동물을 발견했을 때 그 처지는 코끼리 똥을 빚은 소똥구리와 비슷했겠다는 생각이 들었다. 그림에는 가느다란 작대기 같은 인물들이 성큼성큼 달리는 모습이 묘사되어 있었다. 형태로 보나 기능으로 보나, 그들은 영양을 추격하는 '장거리 주자'였음에 분명하다. 원시 인간들은 동물 사체에서 최대한 서둘러 최대한 많이 움켜쥔 뒤 얼른 달아났을까? 아니면 그들의 빠른 발은 살아 있는 동물을 잡는 데 더 중요하게 쓰였을까?

신선한 코끼리 똥으로 만든 공은 단단한 편이다. 스카라바이우스 라이비스트리아투스가 땅에 내린 뒤 우선적으로 하는 일은 똥 무더기를 헤집으면서 이미 빚어진 공을 찾는 것이다. 도둑질은 직접 공을 빚는 데 드는 시간과 에너지를 줄여준다. 그런데 물리적 힘과 민첩성

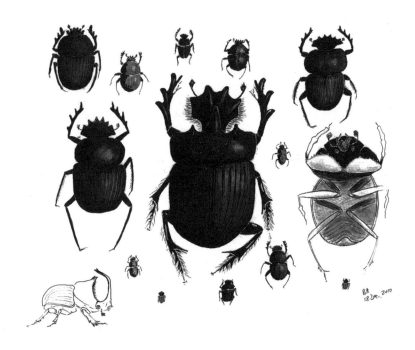

케냐의 차보 국립공원에서 연구할 때 코끼리 똥에서 수집했던 아프리카 소똥구리들. 남아
프리카에서 수집한 종도 두 종이 섞여 있다. 케페르 니그로아이네우스(윗줄 오른쪽), 그리
고 크루거 공원에서 수집했으나 종은 알 수 없는 녀석이다(가운뎃줄 오른쪽). 중앙의 큼직
한 종은 코끼리 똥을 먹는 헬리오코프리스 딜로니이고, 그 왼쪽은 스카라바이우스 라이비
스트리아투스이다. 아랫줄 왼쪽의 작은 종은 똥 속에서 산다. 그 밖의 다른 종은 주로 똥을
빚어 굴리고, H. 딜로니는 공을 똥 더미 바로 밑에 묻는다. 큰 종은 검은색 아니면 갈색이다.
작은 종은 금속성 초록색이나 파란색을 떠는 경우도 있다.

을 요하는 경쟁이 으레 그렇듯이, 승부를 결정짓는 요소는 몸집만이 아니다. 체온(근육 온도)도 중요하다. 우리가 아프리카에서 목격했던 소똥구리 싸움은 대개 몇 초 만에 끝났고, 패자와 승자는 쉽게 판별되었다. 공에서 떨어져나가는 녀석이 패자였고, 공을 굴려서 떠나는 녀석이 승자였다. 우리는 싸움이 끝나자마자 싸움꾼들의 몸무게를 쟀고, 전자 온도계로 체온도 쟀다. 놀랍게도 덩치가 큰 녀석이 늘 이기는 건 아니었다. 근육 온도가 더 높은 쪽이 이겼다. 인간의 체온보다 몇 도 높은 정도였다. 그런 녀석은 다리가 제일 빨랐다. 소똥구리의 달리기 속도는 근육 온도와 직결된다.

우리 발 밑의 땅은 붉은 점토였다. 우리는 물병에 담긴 물을 조금 부어서 점토로 공을 빚었다. 소똥구리들은 처음에는 무시했지만, 내가 그 공을 신선한 코끼리 똥에 담갔다 꺼내자 자기들이 빚은 '진짜' 공인 것처럼 그것을 놓고 열심히 싸웠다. 이 수법이 아주 잘 먹혔기 때문에, 바트와 나는 신선한 공이 빚어지기를 기다릴 필요도 없이 싸움을 잔뜩 붙일 수 있었다. 가끔 소똥구리가 점토 공을 굴려서 떠나는 것을 우리가 미처 막을 겨를이 없을 정도였다.

체온이 높은 녀석은 똥 덩이를 두고 벌어진 대결에서 유리하지만, 높은 체온에는 대가가 따른다. 소똥구리는 똥을 빚는 동안에도 계속 몸을 떨 수 있다. 그러나 빚는 데 걸리는 30분 동안 내내 몸을 떨면 저장했던 에너지가 다 소진될지도 모른다. 경기 초반에는 전력으로 질주할 수 있지만 에너지가 고갈된 종반에는 그러기 힘든 장거리 주자와 같다. 따라서 소똥구리는 착륙하자마자 남이 빚은 공부터 찾아본다. 자기 몸이 아직 힘차고 비행으로 더워진 몸이 식지 않았을 때 대결에서 이길 확률이 높기 때문이다. 공을 빚는 녀석은 빼앗기지 않으려고 몸을 계속 뜨겁게 유지해야 한다. 자신이 투자해서 굴리고 있는 재산을 보호하기 위해 계속 몸을 떨어야 한다. 그런 능력이 아무에게나 있는 것은 아니다.

이미 빚어진 공이 없다면, S. 라이비스트리아투스는 삼지창 같은 앞다리 아랫마디로 똥 더미에서 야금야금 똥을 떼낸 뒤 톡톡 다져서 빚기 시작했다. 그러면서 내내 앞다리를 씽씽 휘둘렀다. 날아오느라 몸이 뜨거운 상태였기 때문에, 소똥구리는 잽싸게 움직일 수 있다. 덩치가 큰 녀석은 체온이 45도까지 올라갔다. 인간을 비롯한 대부분의 포유류보다 8도쯤 더 높은 온도이다. 몸이 뜨거운 소똥구리는 빨리 일했고, 야구공만 한 공을 보통 5분에서 10분 만에 완성했다. 그러고는 굴리기 시작했다.

소똥구리는 길고 날씬한 다리를 잽싸게 움직여서 공을 굴리며 달렸다. 체온이 아직 42도 정도라면, 평지에서 평균 분당 11.4미터의 속도로 달렸다. 체온이 32도라면, 속도는 분당 4.8미터로 떨어졌다.

결국 소똥구리만이 아니라 우리도 현장 연구에 쏟을 시간과 자원이 다 떨어졌다. 집으로 돌아온 뒤, 이런 의문이 들었다. 경쟁이 덜 치열하다면 S. 라이비스트리아투스가 좀 더 느긋하게 일할까? 구태여 체온을 높게 유지하려고 애쓸 필요가 없을까? 우리는 경쟁이 적은 대낮에 일하는 종을 하나 발견했는데, 실제로 그 종은 좀 더 느릿느릿하게 일했고 체온도 더 낮았다. 나는 이 의문에 답을 찾을 겸해서,

제3부. 식물 장의사들

대학원생 브렌트 이바론도와 제임스 마든과 함께 아프리카 남부로 갔다. 그러나 보츠와나, 남아프리카공화국, 짐바브웨에 머문 몇 주 동안 안타깝게도 S. 라이비스트리아투스는 한 마리도 발견하지 못했다.

제임스는 그 대신 거저릿과 딱정벌레 중에서 수컷이 다리 여섯 개를 모두 써서 재빠르게 달리며 암컷을 쫓는 종을 연구했다. 브렌트와 나는 크루거 국립공원에서 똥을 빚어 굴리는 종류인 케페르 니그로아이네우스를 조사했다. 똥을 굴리는 소똥구리가 대부분 그렇듯이, 이 종도 공 하나에 알을 하나만 낳았고 암컷이 땅속에서 12주가량 보살폈다. 주행성인 이 소똥구리도 야행성인 S. 라이비스트리아투스처럼 똥 더미에서 서로 싸웠고, 역시 몸이 더 뜨거운 녀석이 이겼다. 그러나 만약에 신선한 똥 더미를 둘러싼 경쟁이 너무 버겁다면, 이 소똥구리는 덜 붐비는 다른 똥을 찾아 떠나거나 그도 아니면 공을 **작게** 빚음으로써 빚는 데 드는 시간과 도둑맞을 가능성을 줄였다. 이 전략에는 단점이 있다. 작은 공은 먹을 게 많지 않아서 알을 낳는 데 쓸 수 없었으므로, 공은 성체의 먹이로만 쓰였다. (암컷은 큰 공에서만 새끼를 기르고 싶어 하므로, 아마도 공을 빚는 상대가 아니라 공을 보고 수컷을 고를 것이다.)

내가 수집한 표본 중에 수수께끼 같은 녀석이 하나 있었다. 몸집이 크고 대체로 납작한데 겉보기에는 파킬로메라 페모랄리스를 닮았다. 그러나 공을 굴린다고 알려진 그 종과는 달리, 이 종은 공을 빚는 데 쓸 신체 도구를 갖추지 못했다. 앞다리 아랫마디와 머리통 앞쪽에 삽 같은 날이 없었다는 말이다. 그 대신 이 종의 앞다리 아랫마디는 큼직하게 발달했고, 앞쪽에 날카로운 가시들이 나 있었다. 꼭 *P*. 페모랄리스가 '퇴화'한 것처럼 보였다. 체형과 구조로 보아, 나는 이 종이 연관관계가 가까운 숙주에게 기생하도록 진화한 종이 아닐까 싶었다. 형태로 짐작하자면, 원래 공을 굴리던 종이었으나 나중에 다른 종의 터널로 침입해서 큼직한 근육질 앞다리로 똥을 빼앗도록 진화했을지도 모른다. *S*. 라이비스트리아투스가 갓 빚어진 공을 빼앗는 것처럼.

비슷한 자원을 수확하기 위해서 저마다 다채롭게 분화하다 보니, 소똥구리는 진화의 실험실이 되었다. 최초의 소똥구리는 자원을 독차지했을 것이다. 기회는 모두에게 평등했고, 대단한 속도나 기술은 필요하지 않았다. 그러다 점차 경쟁이 치열해져서 자원을 찾고 간수하기가 어렵자, 전문가로 분화한 종이 유리해졌다. 횡재나 다름없는 똥 무더기에 일등으로 도착한다는 것은 똥을 얻는 데 유리한 장점이었을 것이다.

대부분의 소똥구리는 따뜻한 기후에서만 날아다닌다. 송장벌레가 메인과 버몬트에서 따뜻한 늦여름에만 흔히 나타나듯이, 소똥구리는 주로 열대에만 서식하고 특정 계절에만 나타나는 듯하다. 나는 메인에서 소똥구리를 딱 두 마리 봤다. 둘 다 동물 사체에서였다. 예전에 소똥구리의 주식이었을 들소 똥이 사라지면서 소똥구리도 함께 사라진 게 아닐까? 그러나 그 초식동물의 자리는 소가 이어받았는데, 소나 사슴이나 무스의 똥을 봐도 소똥구리는 없다. 반면에 아프리카에서는 소과 동물이나 영양이 똥을 누기만 하면 우기에는 소똥구리

제3부. 식물 장의사들

가 거의 즉시 처리한다. 고대 소과 동물이 절멸하고 현대 소가 그 자리를 차지한 유럽 북부에서는 소가 똥을 눠도 소똥구리가 몰리지 않는다. 최소한 나는 2011년 8월에 두 주 동안 스위스 알프스 산맥에서 소 치는 목동으로 일했을 때 소똥구리를 한 마리도 못 봤다. 오스트레일리아는 이야기가 또 다르다. 오스트레일리아는 열대 기후이지만, 아주 최근에 유럽인이 소를 도입하기 전까지만 해도 소과 동물이 서식하지 않았다.

소똥구리의 활동은 생태적으로 중요하다. 그 덕분에 토양이 비옥해지고 공기가 통하며, 병원균이나 질병 매개자의 확산이 저지된다. 그러나 소똥구리는 저마다 다른 계절과 서식지에서 특정 종류의 똥만을 다루도록 적응했다. 소똥구리가 특정 생태계에서 구체적으로 맡는 역할을 정확히 확인하기는 어렵다. 소똥구리를 제거하는 실험을 할 순 없기 때문이다. 그러나 오스트레일리아에서 거의 대륙 전체를 망라하는 규모로 벌어졌던 '실험' 덕분에, 우리는 많은 의문에 대한 답을 알게 되었다. 오스트레일리아의 곤충학자 겸 생태학자였던 조지 보르네미서는 원래 헝가리에서 태어나 소년 시절부터 딱정벌레를 모았다. 오스트리아 인스브루크 대학에서 박사 학위를 받은 뒤, 그는 오스트레일리아로 옮겨서 웨스턴오스트레일리아 대학 동물학부에 합류했다. 그가 고향 유럽과 오스트레일리아의 차이점으로 첫눈에 느낀 것은 오스트레일리아에서는 소가 풀을 뜯은 장소에 똥 무더기가 널려 있다는 점이었다. 유럽에서는 그런 장면을 본 기억이 없었다. 기후가 습한 북쪽에서는 똥이 썩어버리고, 남쪽에서는 소똥구리가 처리하기 때문이다. 보르네미서는 오스트레일리아의 고유종 딱정벌레가 소똥에 적응하지 못했다는 사실을 깨달았고, 그래서 그 일을 담당할 소똥구리를 수입하자고 제안했다. 그렇게 시작된 '오스트레일리아 소똥구리 사업'은 결국 20년이 소요되었고, 그는 그 작업으로 2001년에 오스트레일리아 훈장을 받았다.

연방과학원(CSIRO)의 후원을 받은 보르네미서는 오스트레일리아의 소똥을 제일 잘 다룰 소똥구리를 찾아서 32개국을 뒤졌다. 소똥 문제는 크게 두 가지 이유에서 심각했다. 첫째, 소똥이 말라서 땅에 굳으면 장기적으로 초지가 줄 수밖에 없다. 둘째, 소똥은 부시파리라고 불리는 몹시 성가신 파리인 무스카 베투스티시마의 이상적인 번식지다. 오스트레일리아의 기후를 견디면서 똥을 재활용하는 소똥구리를 찾을 수 있다면 중대한 두 문제가 단번에 해결될 것이었다.

외래종 도입에는 늘 위험이 도사린다. 보르네미서가 시험하고 싶은 소똥구리는 해충이 될 만한 기생충을 품고 있지 않은지 확인하기 위해서 모두 격리 상태에서 길러야 했다. 결국 소똥구리 55종이 도입되었고, 결과는 성공이었다. 이제 오스트레일리아에서는 소똥구리가 토양을 건강하게 만듦으로써 초지 보존에 한몫한다. '퀸즐랜드 소똥구리 프로젝트'의 최종 보고서는 소똥구리가 '매년 수백만 달러의 가치를 낳는다'고 결론지었다. 성가신 부시파리도 크게 줄었다. 예로부터 오스트레일리아 사람들이 손으로 파리를 쫓는 시늉을 많이 했던 데서 비롯한 이른바 '오스트레일리아 경례'가 '날이 갈수록 보기 드문 몸짓'이 되었다.

제3부. 식물 장의사들

이후 보르네미서는 태즈메이니아로 옮겨, 카릴 마이클스와 함께 삼림 개벌과 목재 찌꺼기 소각이 미치는 영향을 조사했다. 그곳에서는 기존의 관행 때문에, 썩어가는 나무에서 번식하는 딱정벌레가 급감하고 있었다. 그중 나무를 뚫는 사슴벌레로서 현재 절멸 위기에 처한 한 종에게는 그의 이름을 따서 호플로고누스 보르네미스자이라는 학명이 붙었다.

소똥구리는 거의 모든 똥을 다룰 만큼 다양하지만, 갓 떨어진 똥만을 다룬다는 점에서는 다른 장의사 딱정벌레들과 비슷하다. 열대의 건기에는 보통 금세 똥이 마르는데, 그러면 소똥구리는 일을 멈춘다. 소똥구리의 활동은 땅을 파기가 쉬운 우기에 가장 활발하고, 건기에는 소똥구리 새끼가 땅속에서 발달한다. 녀석들이 다시 지상에 나타나는 신호는 계절성 호우이다. 그러면 땅이 부드러워지기 때문이다. 그 사이에는 땅에 똥이 떨어지더라도 그냥 그대로 있을 것이다. 흰개미가 없다면 말이다.

코끼리 똥은 내가 이제껏 보고, 냄새 맡고, 감촉을 느낀 어떤 똥보다 훨씬 더 거칠었다. 코끼리는 어리고 즙 많은 새순만 먹는 게 아니라 덤불 전체를 먹어 치우기 때문이다. 그것을 소화해서 나온 물질은 습기 있는 톱밥 정도의 질감을 띤다. 코끼리 똥이 얼마나 거친지 실감하려면 소똥구리 수천 마리가 밤새 똥 더미를 헤집고 난 모습을 봐야 한다. 소똥구리가 일을 마친 아침에 남는 것은 섬유성 물질로 만들어진 얇은 깔개 같은 약 1미터 너비의 찌꺼기뿐이다. 그런데 그

목질성 물질이 바싹 마르면, 이번에는 그것이 완벽한 흰개미 사료가 된다.

흰개미는 썩어가는 나무를 먹었던 고대 바퀴에서 진화했다. 흰개미는 세균과 원생생물을 소화관에 받아들여, 그런 공생자가 없다면 영양분으로 이용할 수 없는 셀룰로스를 소화할 수 있게 되었다. 흰개미는 커다란 통나무 속에 안전하게 자리 잡고서 천천히 나무를 먹었다. 새끼가 먹을 식량은 충분했기 때문에, 성체는 집에 머물 수 있었다. 그리고 나무를 더 많이 파 먹을수록 녀석들의 집은 더 넓어질 뿐이었다. 흰개미는 제 배설물을 재활용해서 집을 짓기 때문이다. 그러니 거주자가 많을수록 더 흥겨웠다. 북적거리지만 안전한 삶을 살게 된 흰개미는 바퀴를 닮은 선조로부터 약 3억 년 전에 떨어져나왔다.

흰개미는 친척인 바퀴보다 더 심하게 거의 일평생 햇빛을 꺼린다. 흰개미가 집에서 날아오르는 것은 평생 딱 한 번뿐이다. 짝짓기를 해서 새로운 가족을 일구려는 것인데, 새로운 가족은 수백만 마리로 이뤄진 군집이 될 수도 있다. 그러나 평균적으로 새로운 군집이 하나 생길 때마다 오래된 군집이 하나 사라지는 편이고, 한 군집에서는 번식하는 암컷이 한 마리뿐이다. 군집당 수백만 마리의 수컷과 암컷이 날아오르므로, (후손을 낳는다는 의미에서) 번식에 성공하기란 복권에 당첨되는 것이나 마찬가지다. 암컷 100만 마리 중 한 마리가 당첨된다면 99만 9,999마리는 실패할 수밖에 없다. 대부분의 구성원은 기후가 완벽하게 조절되는 집 안이나 근처를 평생 벗어나지 않으며, 먹이를 더 채집해야 할 때는 집을 연장해서 터널처럼 긴 구조물을 짓는

제3부. 식물 장의사들

다. 흰개미의 에너지원은—나무에서 얻는 셀룰로스라서—값싸고 풍성하다.

흰개미가 내는 주된 오염 물질은 똥이다. 똥에는 흰개미가 나무를 섭취한 뒤 소화하지 못하고 내보낸 리그닌 성분이 들어 있다. 그런데 흰개미는 바로 이 똥을 재활용해서 집과 터널을 짓는다. 짐작하건대 똥에는 리그닌 말고도 다른 성분(들)이 더 들었을 것이다. 흰개미의 건축 재료는 그 성질이 놀랍기 때문이다. 나는 최근에 수리남의 열대 밀림에서 흰개미 집을 한 조각 가져왔다가 우연히 그 사실을 발견했다. 그 물질은 재질이 꼭 플라스틱 같았는데, 놀랍게도 물에 전혀 녹지 않았다. 플라스틱 같은 이 물질은 아직 철저히 연구된 바 없지만, 내가 짐작하기로 그 속에는 공장에서 제조된 플라스틱이 함유한 성호르몬 모방 물질과 같은 독소가 없을 것이다. 언젠가는 진화의 시험을 거친 흰개미의 생산물이 인간의 발명을 대체할지도 모른다. 그렇게 된다면, 우리는 현재로서는 나무에서 유용한 셀룰로스를 추출한 뒤 남는 쓰레기에 불과한 리그닌을 유용하게 이용할 수 있을 것이다.

제4부

~~~~~

물에서 죽다

인간은 육상동물이라 사체 처분을 재깍 매장과 결부한다. 매장은 땅에 뿌리박는 것이다. 보통은 원래 살던 곳에서. 그러나 지구의 대부분을 덮은 바다에서는 살던 곳으로부터 멀리 떨어진 곳에서 동물이 죽곤 한다. 고래 주검처럼 큰 사체는 차고 어두운 바다 밑으로 수 킬로미터나 가라앉는다. 연어는 생애 대부분을 바다에서 살지만, 마지막에는 내륙으로 들어와서 죽은 뒤에 민물에 묻힌다. 죽은 연어가 재순환되어 발생하는 효과는 연어가 살던 바다가 아니라 육지에 더 크게 미친다. 물에서의 죽음도 뭍에서의 죽음과 비슷한 원리를 따르지만, 원리가 적용되는 방식은 다르다. 물에서의 죽음은 생명의 적응력을 보여주는 사례이자, 우리에게 친숙한 세상과는 다른 세상을 엿보게 하는 사례이다.

8

연어의 죽음
그리고
생명으로의 순환

알래스카의 카트마이 국립공원 및 자연보호구역에서 가까운 맥닐 강에는 얕은 폭포가 계단을 이루고 있다. 그 강에서 산란하려고 6월에 상류로 올라오는 홍연어, 7월과 8월에 올라오는 백연어에게는 시련이 기다리고 있다. 알래스카갈색곰이다. 학명이 우르수스 아르크토스 호리빌리스인 이 곰은 세계에서 제일 큰 곰으로 몸무게가 680킬로그램까지 나간다. 맥닐 보호구역을 관리하는 래리 오밀러 덕택에 운 좋게도 이곳을 방문할 기회를 얻은 사람들은 몇 미터 앞에서 곰들을 구경할 수 있다. 관람객은 아무런 보호 장벽 없이 곰을 본다. 총을 소지하는 것도 허락되지 않는다. 지금까지 공격당한 사람은 한 명도 없었다. 곰들은 사람에게 익숙한 데다가 사람이 있다고 해서 성내지 않는다. 어차피 사람보다 연어가 더 맛있지 않을까. 적어도 갈색곰에게는.

평소에 단독 생활을 하는 곰들이 맥닐 강 폭포로 모이는 것은 물길이 깔때기처럼 좁아지는 구간이라 진을 치고 서서 물고기를 낚기에 알맞기 때문이다. 그곳으로 올라오는 연어는 북태평양에서 2~3년 성장한 녀석들이다. 곰은 한 번에 20마리에서 최대 68마리까지 모인다. 갈색곰이 그렇게 큰 것은 영양이 풍부한 연어를 쉽게 먹을 수 있기 때문이다. 연어가 유달리 많은 시기에는 곰도 물려서, 근육질 살점은 놔두고 껍질을 벗겨서 곤이나 이리로 충혈된 생식소만 먹는다. 뇌도 곧잘 먹는다. 뇌는 지방 함량이 높은 별미이다. 곰들은 가을에 동면할 때가 되면 지방이 90킬로그램쯤 더 붙은 상태이다.

곰이 안 먹고 버린 연어는 언뜻 '낭비된' 것으로 보일 수도 있다. 그러나 생태계의 시각에서 보자면, 곰의 까다로운 식성 덕분에 다른 동물들이 먹이를 얻는다. 맥닐 폭포이든 연어가 잡히는 다른 어느 곳이든 곰들이 만찬을 즐기는 곳에는 항상 찌꺼기를 먹는 청소동물이 있다. 맥닐 폭포에서 남은 연어를 즐기는 청소동물은 갈매기들이다.

알래스카의 모든 강과 북아메리카 서해안의 여러 강에서는 다양한 종의 연어가 이주한다. 상류로의 힘겨운 여행은 대부분의 연어에게 편도 여행이다. 연어들은 몇 년 전에 같은 강을 내려가서 바다에서 성체로 자랐고, 다 자란 연어들은 고향으로 돌아와서 번식한 뒤 죽는다. 연어들은 고향의 민물로 진입한 직후부터 몸에서 호르몬이 분비

제4부. 물에서 죽다

되어 생리 구조가 바뀐다. 홍연어는 외모도 바뀐다. 고향으로 돌아오는 홍연어는 턱이 더 길어지고, 등에 혹이 나고, 몸통이 새빨갛게 변한다. 산란을 마치면 생리학적으로 유도된 노화가 갑작스레 진행된다. 신체 조직이 말 그대로 해체되다시피 하여, 결국 연어는 태어난 곳에서 죽는다. 외모의 변화는 성 선택과 관계 있을지도 모른다. 물고기 중에는 번식기에 외모가 바뀌는 종이 많고, 조류 중에도 그런 경우가 많다. 반면에 연어의 때 이른 듯한 죽음은 '적자생존'의 진화 원리에 의거하여 설명하기가 좀 더 어렵다.

사람의 기준에서는, 그리고 적자생존 개념에 대한 우리의 표준적인 (또한 단순화된) 이해에 따르자면, 죽음을 향해 서둘러 가속을 밟는 현상은 벌어져서는 **안 될** 것 같다. 그러나 그것은 틀린 생각이다. 사실 진화적 논리에 따르면, 번식 이후에 계속 사는 것은 무의미하다. 심지어 인류의 진화 역사에서 현재 시점에는 우리 유전자가 일반적으로 우리의 사망을 재촉한다고 주장할 수도 있을 것이다. 종으로서 인간은 그동안 해로운 유전적 돌연변이를 끊임없이 쌓아왔지만 그런 돌연변이를 제거할 자연선택의 압력은 거의 혹은 전혀 받지 않고 있으니까 말이다. 인간의 수명이 길어질수록 의료비도 계속 오를 것이다. 그러나 설령 엄격한 물질적 해석으로만 국한하더라도 인간은 그저 유전자만이 아니라 훨씬 더 많은 것을 후대에 물려주며, 그런 유산도 유전체의 일부라고 할 수 있다. 누가 뭐래도 인간은 복잡한 세상에서 생존하고 번영하기 위해서 사회적 기술을 필요로 하는 사회적 존재이니까. 인간의 긴 수명은 이런 해석을 뒷받침하는 증거이다.

그렇다면 인간이 생식력을 잃고서도 더 사는 것은 적응 현상이라고 합리화할 수 있다. 늙은 코끼리와 마찬가지로, 노인은 자신의 경험과 지식을 후손에게 전수함으로써 후손의 생존과 번영을 도울 수 있다. 그런데 나는 연어의 때 이른 듯한 죽음에 대해서도 비슷한 논증을 펼 수 있다고 본다. 지금부터 설명하겠지만, 그 현상 또한 유전자가 후대에게 간접적으로 기여하는 메커니즘일 것이다.

수천 마리까지는 아니라도 수백 마리의 연어가 강을 몇 킬로미터씩 올라와서 산란한다. 그 연어가 바다로 도로 무사히 내려가서 한 해를 더 살고 이듬해에 다시 산란하러 돌아올 확률은 대단히 작다. 따라서 더없이 불확실한 미래에 대비하여 약간이라도 '아끼는' 대신에 지금 몽땅 써버리는 편이 나을 수 있다. 그리고 무언가를 투자했을 때 조금이라도 차이가 나도록 보장하는 방법은 단 한 번의 번식에 최대의 노력을 쏟는 것뿐이다. 연어가 미래의 삶에 투자하지 않는 까닭은 이것으로 설명될지도 모르겠다. 하지만 점진적이거나 자연스러운 죽음이 아니라 **자살**에 가까워 보이는 행위도 이것으로 충분히 설명될까?

모든 동물에게는 상처를 치료하고 포획을 피하도록 만드는 선택압이 강하게 작용한다는 사실을 고려하면, 연어가 우리에게 마땅해 보이는 시기보다 한참 이른 시점부터 말 그대로 자신을 포기하고 포식자/청소동물에게 몸을 내주는 것은 도통 모를 일이다. 바다로 나갔다가 돌아오는 여행이 첫 번째보다 두 번째에 더 어려울 이유는 없지 않은가? 첫 여행에 성공하는 개체도 수백 마리 중 한 마리꼴에 지나지 않을 것이다. 그렇다면 두 번째 여행에 성공할 실낱같은 가능성도 그보다 크게 뒤진다고 할 순 없지 않은가? 여기에서 짚어야 할 대목은, 연어가 산란 후에 먹이를 먹고 회복하여 또 한 번의 시도를 노리는 게 이론적으로는 **가능하다**는 점이다. 그런데도 연어는 그러지 않는다. 연어의 선택은 두 가지 효과를 낳는다. 연어의 선택은 자진하여 굶어 죽는 것이나 마찬가지다. 아무것도 먹지 않으면 언젠가 탈진할 게 확실하니까. 또한 확실한 사실은, 아무것도 먹지 않는 선택을 했으니 자신이나 친구의 알 또는 새끼를 먹을 일도 없다는 점이다. 나는 두 번째 효과가 강한 선택압으로 작용하리라고 믿는다. 연어는 죽음을 자진하여 후손의 생존을 돕는 것이다. 연어가 **태어난 강**으로 돌아온다는 사실, 그 강에서도 자신이 태어난 장소로 돌아온다는 사실을 상기하자. 그곳은 나중에 그 연어의 후손이 돌아올 곳이고 친척도 돌아오는 곳이다. 자기 새끼와 친척을 먹지 않는 것이 강한 선택압이 아니고 무엇이겠는가. 그것만으로 설명이 부족하다면 이건 어떤가. 효과가 그보다는 간접적이지만, 연어가 제 몸을 바치는 행위가 선택적 이득으로 작용한다는 가설을 충분히 뒷받침하며 적어도 훼손하지는 않을 만한 추측인데, 바로 대량으로 유입된 연어 사체가 그들의 생태계를 일구고 유지하는 데 도움이 되리라는 가설이다. 이 시나리오에 대한 반론이라면, 자결에 나서지 않고 '반칙하는' 개체가 있을 경우 그런 개체가 선택될 것이므로 결국 기꺼이 자신을 희생하여 집단에게 이득을 안기는 개체가 오히려 사라지리라는 것이다. 그러나 연어의 경우에는 그런 일이 벌어지지 않았다.

앞에서 말했듯이, 연어 중 일부는 산란지로 가는 도중에 포식자에게 잡아먹히지만 대부분은 산란지에 다다른 뒤에 먹힌다. 매년 수천 마리, 누적하여 수백만 마리의 연어 사체란 맥닐 강 폭포에 주어진 다른 어떤 기회보다도 성대한 잔치이다. 북아메리카 서해안의 최북단과 알래스카에서, 갈색곰은 죽었거나 죽어가는 연어를 포식한다. 갈매기, 흰머리수리, 큰까마귀, 수달, 까마귀, 까치, 어치, 너구리도 포식한다. 이런 청소동물들은 전통적으로 곰이 숲 속에서 맡는 역할을 담당한다. 그들 덕분에 연어는 질소, 인, 기타 영양분을 바다에서 강과 주변 삼림으로 배달하는 '꾸러미'로 기능한다. 질소 부족은 숲의 성장을 제약하는 요소이므로, 연어는 큰 곰은 물론이거니와 큰 나무를 키우는 데도 기여하는 셈이다. 그 나무들은 장대비가 쏟아질 때 뿌리로 물을 붙잡아 둠으로써 유역을 형성하고, 나아가 연어의 산란에 필요한 환경을 형성한다.

연어의 대단한 여행과 산란은 늘 우리를 매료시켰다. 전 세계에서 많은 인구가 연어에게 의지하여 살아간다. 그런 연어의 죽음이 자연에서 벌어지는 죽음과 생명의 순환 가운데 가장 훌륭하게 진화한 형태라는 사실을 깨닫는다면, 우리는 그들에게 더더욱 매료될 수밖에 없을 것이다.

9

다른 세계들

1970년, 죽은 향고래 한 마리가 오리건 주 플로렌스 근처 해변에 밀려와 얹혔다. 오리건 도로 관리국은 연방 해군과 상의하여 처분 방법을 고심했다. 그들은 그토록 거대한 사체가 1년 넘게 끔찍한 악취를 풍길지도 모른다는 점을 걱정했다. 처음에는 어떻게 해야 좋을지 알수 없었다. 결국 청소동물들이 처리하기 수월하도록 사체를 조각내기로 결정했고, 그러기 위해서 다이너마이트 20통(0.5톤)으로 고래를 둘러쌌다. 도화선에 불이 붙자 고래가 폭발했다. 묵직한 지방 덩어리가 반경 250미터 내에 비처럼 쏟아졌다. 개중 하나는 400미터 떨어진 곳에 있던 차를 박살냈다. 황당하게도 사람들은 이런 결과를 제대로 예측하지 못했다.

2004년 1월에 대만 타이난 시 근처 해변에 밀려온 향고래도(60톤이었다) 뉴스에 났다. 고래는 트럭에 실려서 부검할 대학으로 보내졌는데, 트럭이 도착하고도 허가가 나지 않았다. 결국 야생동물 관리국이 처분하기로 했고, 트럭은 다시 이동하던 중 타이난 시내를 통과했다. 그런데 고래 내부에서 발생한 부패 가스 때문에, 붐비는 도로에서 그만 고래가 폭발했다. 역겨운 냄새는 그렇다 쳐도 가게와 행인들 위로 내장과 피가 비 오듯 쏟아졌다. 다들 얼른 흩어지려고 했는데도 그 소동으로 교통이 몇 시간 멎었다.

2007년에 또 다른 고래 주검이(70톤이었다) 캘리포니아 벤투라 해변에 쓸려 왔을 때는 사람들이 실수를 반복하지 않았다. 어마어마한 구경꾼이 몰렸지만, 벤투라 카운티 공원 관리국은 다이너마이트로 서둘러 조각내는 대신 모래사장에 불도저로 깊이 4.5미터의 구덩이를 팠다. 그러나 고래의 몸에는 벌써 구멍이 나 있었을 것이다. 고래는 (당시에 죽은 또 다른 고래와 마찬가지로) 샌타바버라 해협의 붐비는 항로에서 선박과 충돌하여 죽었을 가능성이 높았다. 결국 지방과 썩어가는 살점이 새어 나와서, 근처 해변에 사람이 머물지 못하게 되었다.

홍적세 전기 이전에는 죽은 고래가 어떻게 처분되었을까? 알 수 없다. 어쨌든 고래가 뭍에 좌초하는 일은 드물었을 테니, 죽은 고래를 처리하도록 분화한 청소동물이 육지에서 진화하진 않았을 것이다. 인간도 아직 그 상황에서 적절한 방침이 무엇인지를 생각해내지

제4부. 물에서 죽다

못하지 않았는가. 좌초한 고래는 아마도 어쩌다 근처에 있었던 다이어늑대와 콘도르, 나아가 아메리카사자와 검치고양이가 마침 잘됐다고 하면서 먹어 치웠을 것이다.

고래가 자연에서 재순환되는 과정은 수면 근처에서 시작될 것이다. 우리는 고래의 자연사(自然死)에 대해 아는 바가 거의 없지만, 아마도 이럴 것이라고 상상해볼 수는 있다. 늙어서 쇠약해진 고래가 물속에서 가라앉는다고 하자. 쇠약한 고래는 범고래의 먹이가 되기 쉬울 것이다. 범고래가 고래의 죽음을 앞당길 것이다. 범고래가 배를 채우면, 그때 흐른 피 냄새를 맡고서 백상아리 같은 큰 상어와 그보다 작은 상어들이 신선한 살점으로 몰려들 것이다. 고래의 몸이 찢길 테고, 내장 기관이 쏟아질 테고, 폐에서 공기가 빠질 것이다. 다음엔 어떻게 될까?

죽은 고래는 가라앉기 시작한다. 저승처럼 어둡고 차가운 물속으로. 위에서 내려오는 선물을 먹고살도록 분화한 가지각색의 생물이 붐비는 곳으로. 그곳의 생물들은 우리에게 기묘해 보인다. 우리가 잘 아는 생물들과는 딴판으로 생겼기 때문이다. 어떤 물고기에게는 발광 기관이 있다. 뻣뻣한 작대기 끝에 등불이 매달린 것처럼 생긴 경우도 있다. 어떤 물고기에게는 몸보다 큰 아가리와 거대한 이빨이 있다. 어떤 종은 암컷이 자그마한 수컷을 늘 데리고 다닌다. 수컷은 기생충처럼 암컷의 살에 파묻혀 있는데, 이것은 우리가 사는 환한 세상과는 달리 짝을 만나기 어려운 환경을 보완하기 위한 적응이다.

그런 생물들도 위에서 내려오는 만나를 전부 다 먹진 못한다. 고래 사체의 일부는 바다 바닥까지 떨어진다. 수심이 150미터가 넘으면 광합성이 불가능하므로, 그렇게 깊은 곳에서는 식물은 살지 않고 동물만 산다. 그곳에 적응한 동물들은 위에서 내려오는 선물에 의존하거나 서로 잡아먹는다. 몸이 투명한 종도 많다. 우리 인간의 눈으로는 그런 심해에서 빛을 조금도 감지하지 못하겠지만, 그곳에 사는 동물들 중에는 눈이 유달리 크게 확대되고 잘 발달한 녀석들이 있다. 시력이 조금이라도 있는 동물은 시력이 떨어지는 동물이 곁을 헤엄쳐 지나갈 때 쉽게 잡아먹을 수 있을 것이다. 그보다 더 아래로 내려가면, 위에서 새어드는 빛이 한 줄기도 없는 세상이다. 그곳에서는 물체에서 반사된 빛으로 물체를 보는 방식을 쓸 수 없으므로, 동물들이 스스로 빛을 낸다. 물론 먹잇감이 되는 동물은 제 모습을 드러내기를 '원하지' 않겠지만, 짝을 찾으려면 어느 정도는 모습을 드러내야만 한다. 햇빛이 닿지 않는 그 깊은 곳에서, 번쩍거리거나 이글거리는 푸른 빛들이 쉴 새 없이 조명쇼를 펼친다. 빛의 의미는 다양하다. 짝을 부르는 것부터 먹이를 유인하는 것, 포식자를 속이는 것까지. 어떤 요각류는 스스로 생산한 발광 물질(아마도 세균?)을 분출하여 자기 위치를 숨긴다. 문어가 먹물을 뿜어서 몸을 감추는 것과 비슷하다. 그곳은 또한 '꿀꺽 뱀장어'라고도 불리는 심해뱀장어의 세상이다. 심해뱀장어는 긴 꼬리를 앞으로 내민 채 한자리에 가만히 있다가, 먹을 만한 물질이나 동물이 주변을 떠가는 것을 꼬리로 감지하면 얼른

제4부. 물에서 죽다

삼킨다. 녀석의 입은 제 몸만 한 동물을 삼킬 만큼 크다. 군집형 해파리는 길이가 40미터나 되어, 부유하는 먹이 입자와 접촉할 표면적이 충분하고도 남는다. 귀신고기도 산다. 이름에 걸맞게 그로테스크한 녀석이다. 귀신고기는 아주 굼뜨며, 몸에서 뻗은 촉수들로 촉감이나 물의 미세한 일렁임을 감지함으로써 캄캄한 주변에서 떠가는 물체를 알아차린다.

기묘하고 컴컴한 세상 아래로 몇 킬로미터 가라앉은 뒤, 고래는 마침내 심해의 바닥에 눕는다. 그곳의 온도는 0도에 가깝다. 냉장고나 다름없으니, 어쩌면 주검이 영원히 보존될 수도 있다. 그러나 고래는 약 5,400만 년에서 3,400만 년 전 에오세부터 우리에게 고래로 보일 만한 형태로 지구에 존재했으므로, 그동안 어떻게든 계속 재순환되었을 게 분명하다. 그렇지 않다면 오늘날 바다는 차가운 고래 주검들이 수면까지 차올라 찰랑거리고 있을 테니까. 고래 주검처럼 거대한 먹이가 수백만 년 동안 간간이 가라앉았으니, 바다 바닥에는 횡재를 이용하도록 분화한 일군의 청소동물이 진화했을 것이다. 최근까지만 해도 우리는 그 청소동물들의 정체도, 그들이 세상에서 제일 큰 포유류를 어떻게 재순환시키는지도 몰랐다.

해양 생태계의 대부분은 궁극적으로 수면에서 포착한 태양 에너지에 의존하는 셈이다. 그러나 최근 몇 십 년 동안 다른 형태의 생명도 가능하다는 것을 암시하는 새로운 두 생태계가 발견되었다. 이제 우리가 알게 된 바, 깊은 해구에는 연기를 내뿜는 굴뚝 같은 배출구가 있다. 그 배출구에서는 황화수소(우리가 썩은 달걀 냄새로 아는 물질)를 함유한 섭씨 200도의 온수가 솟는데, 어떤 세균들은 그 화학물질을 에너지원으로 이용할 줄 안다. 그 심해의 생태계에서는 광합성이 아니라 화학합성으로 생명이 돌아간다. 영양이 풀을 뜯듯이, 새우 같은 다른 생물들이 그 세균을 뜯어 먹는다. 동물 세포와 공생하도록 진화한 세균도 있다. 이것은 조류가 세포 속에서 공생함으로써 엽록체로 진화했던 것과 비슷하고, 세균이 미토콘드리아로 진화함으로써 동물로 하여금 식물이나 식물 포식자를 포식할 수 있도록 만들어주었던 것과도 비슷하다. 최근에 발견된 이 '열수 분출구' 생태계에서는 황을 먹는 세균들이 벌레, 조개, 게, 그 밖에도 더 많은 생물들의 먹이가 되어준다. 해저에서 새롭게 발견된 두 번째 생태계는 '냉수 분출구'에서 발생하는 메탄 가스를 식량으로 삼는다. 메탄을 처음 포획하는 것은 다른 생물과 공생하며 메탄에서 얻은 탄소 화합물을 먹이로 삼는 세균들이다.

두 생태계 외에도 독특한 세 번째 생태계가 있다. 바로 죽은 고래에 의존하는 생태계이다. 상류로 수백 킬로미터를 헤엄쳐 올라간 뒤 죽는 연어처럼, 고래는 다른 생태계에서 왔다. 바다의 최상층, 광합성으로 돌아가는 생태계에서 왔다.

해저 2,000미터 아래에는 용존 산소가 거의 없고, 수온은 영하 1도에서 영상 2도쯤 된다. 이런 환경에서는 우리가 아는 형태의 세균성 부패는 벌어지지 않거나 벌어지더라도 몹시 느리게 진행된다. 이 사실은 '앨빈'이라는 잠수정이 의도치 않았던 실험을 통해서 입증했다. 1964년에 제작되어 우즈홀 해양 연구소가 운영했던 앨빈 호는 한 번에 과학자 두 명씩을 심해로 데려다주는 기구였다. 1968년 10월, 앨빈 호를 배로 끌어 옮기다가 강철 케이블이 끊어지는 바람에 잠수정이 1,500미터 아래로 가라앉았다. 열 달 뒤에 잠수정을 되찾고 보니, 그 속에 있었던 치즈 샌드위치는 겉보기에 아무 변화가 없었다. 누군가 실제로 그것을 먹고도 멀쩡했다. 그런 환경에서 160톤 나가는 대왕고래 주검은 어떻게 분해될까?

앨빈 호는 수리를 거친 뒤 1977년부터 다시 수백 번을 잠수하여 우리의 지식을 넓혀주었다. 특히 대서양 중앙 해령의 열수구에 대해서 많은 것을 알려주었다. 1987년 11월, 하와이 대학의 해양학자 크레이그 스미스는 앨빈 호로 정례 잠수에 나섰다. 수심 1,240미터인 태평양 샌타캐틀리나 분지의 진흙 바닥을 음파 탐지기로 훑던 중, 공룡 화석 같은 것을 포착했다. 알고 보니 그것은 길이 12미터의 대왕고래 골격이었고, 대원들은 그곳에 엉겨 붙은 세균과 조개를 보고 놀랐다. 그 광경을 목격한 순간은 오늘날 '고래 낙하'라고 불리는 연구가 시작된 시점이었다. 첫 발견 이래 또 다른 고래 낙하 사례들도 발견되었고, 과학자들이 청소동물의 작업 과정을 조사하기 위해서 일부러 그런 상황을 조성하기도 했다. 요즘도 활발히 진행되는 관찰과 연구에 따르면, 우리가 이전에 정체조차 몰랐던 종을 비롯하여 많은 동물이 고래 주검을 전문적으로 처리하는 장의사로 활약한다.

지금까지 알려진 바에 따르면, 해저의 낮은 수온에도 불구하고 죽은 고래가 바닥에 내려앉자마자 이동성 있는 청소동물들이 속속 나타나서 꽤 빠른 속도로 살점을 먹어 치운다. 크고 느릿느릿하며 심해에서도 살 수 있는 돔발상어가 많이 나타나고, 뒤이어 뱀장어처럼 생긴 먹장어들이 나타나서 고래 살점을 파고든 뒤 피부로 직접 영양분을 흡수한다. 민태, 왕게, 무수히 많은 단각류(몸이 납작하게 눌린 소형 갑각류)가 잔치에 합류한다. 이 단계의 섭식은 몇 달에서 1년까지 걸리고, 아주 큰 고래일 때는 2년까지 걸린다. 재활용에 시간이 제일 오래 걸리는 것은 뼈다. 워낙 크다 보니 청소동물들이 여간해서는 내부로 접근하지 못하기 때문이다. 『모비딕』에서 허먼 멜빌은 90톤짜리 향고래의 40개 남짓한 거대한 척추뼈가 '고딕 첨탑' 같았다고 생생하게 묘사했다. 제일 큰 뼈는 "폭이 3피트[0.9미터]에 약간 못 미쳤고 높이는 4피트[1.2미터]가 넘었다".

부드러운 조직이 다 먹히면, 다음에는 세균들이 뼈에 엉겨 붙는다. 그리고 삿갓조개와 달팽이가 그것을 먹는다. 다모류도 빽빽하게 엉겨 붙는다. 다모류는 길이가 5센티미터쯤 되고 겉보기에 지네를 닮은 벌레다. 벌레들은 제곱미터당 4만 마리나 되는 높은 밀도로 사체를 온통 뒤덮고는 취할 수 있는 것을 한껏 취한다. 다모류가 떠나면 또 다른 종들이 등장한다. 이들은 주로 뼈 속 지방에 남은 영양분을 먹는다. 세균들은 산소를 쓰지 않은 채 지방을 분해하여 이산화황을 부산물로 내고, 그 이산화황을 이용하여 (열수 분출구에서처럼) 화학합성을 함으로써 유기 분자를 생산한다. 식물이 광합성으로 공기 중의 이산화탄소를 고정시키는 것과 비슷하다. 햇빛에 의존하는 생태계와 마찬가지로, 낙하한 고래 주검 생태계의 모든 동물은 결국 그 화학합성 생산자에게 의존하는 셈이다. 세균 중에서 일부는 엽록체

제4부. 물에서 죽다

가 (고대 조류의 공생을 통해서) 식물 속에서 살게 된 것처럼 다른 동물의 몸속에서 산다. 조개나 관벌레 중에는 장이 필요 없는 종류도 있는데, 그 생물의 몸속에서 사는 화학합성 세균이 유기 분자를 생산해주기 때문이다. '좀비 벌레'라고도 불리는 작은 오세닥스(라틴어로 '뼈를 먹는 존재'라는 뜻)도 소화관이 없다. 오세닥스는 고래 뼈를 파고들어 그 속의 지방을 몸으로 흡수한 뒤, 제 몸속에서 공생하는 세균들에게 먹인다.

낙하한 고래 주검에서 확인된 대형 동물상(세균을 제외한 범주를 말한다)은 400종이 넘는다. 어느 한 주검에 모이는 종류만 헤아려도 100종이 넘는다. 어느 시점이든 수많은 종류의 청소동물 수만 마리가 고래 뼈대에서 열심히 분해 작업을 하고 있을 것이다. 이 단계는 10년까지 걸린다. 고래가 완전히 분해되기까지는 100년에 가까운 시간이 필요하다고 보는 사람도 있다.

낙하한 고래 주검은 종 다양성이 풍부한 섬과 같다. 청소동물들은 모종의 수단을 써서 현장에 나타나는데, 우리는 아직 그 방법을 모르기 때문에 녀석들이 난데없이 뚝 떨어진 것처럼 보인다. 낙하한 고래 주검은 전문가들이 활약하는 서식지다. 진화적 다양성이 집중된 장소이자 진화적 혁신이 발생하는 장소이다. 19세기와 20세기의 남획으로 고래 개체수가 크게 줄었으니, 요즘은 이 한시적인 생명의 '섬'들이 예전보다 더 드문드문 분포하게 되었을 것이다. 그 간격이 더 벌어지면, 언젠가는 청소동물들이 섬에서 섬으로 이주할 수 없는 순간이 올 것이다. 그 거리가 정확히 얼마인지는 아직 모르지만 말이다. 그렇게 되면 그 생명들은 죽을 것이다.

거인 같은 고래 주검의 운명과 그것을 전문적으로 처리하는 생물들의 사연은 역시 해저로 떨어지는 미세한 해양 플랑크톤 사체에서 남는 골격의 운명과 선명하게 대비된다. 대부분의 생물처럼, 고래는 보통 분자 수준까지 쪼개져서 재활용됨으로써 새로운 생물학적 생명으로 순환된다. 그에 비해, 일부 해양 플랑크톤이 죽어서 남기는 물질은 지질학적으로 엄청나게 중요한 재료가 된다. 그 재료는 대륙의 지형과 지질과 토양을 형성하고, 그럼으로써 자연히 그 위에서 자라는 생명을 결정하고, 심지어는 지구의 대기에까지 영향을 미쳐, 지구의 온도와 지구가 부양할 수 있는 생명까지 결정짓는다. 부피로만 따지자면, 이런 해양 플랑크톤을 다 합한 부피는 어느 시점에서든 고래를 다 합한 부피를 훨씬 능가한다. 현존 플랑크톤 중 제일 중요한 종류는 고래를 닮은 최초의 생물이 바다를 누비기 시작한 시점보다 수억 년 전부터 오늘날의 형태로 존재했다. 그런 플랑크톤이 남기는 불멸의 잔해는 바로 백악과 백악으로 만들어진 바위다.

백악의 이야기를 맨 먼저 꺼냈으며 가장 널리 퍼뜨린 사람은 토머스 헨리 헉슬리였다. 찰스 다윈의 자연선택 이론을 열성적으로 변호함으로써 '다윈의 불독'이라는 별명을 얻었던 영국 박물학자 말이다. 헉슬리는 1868년에 '백악 한 조각에 관하여'라는 제목으로 '노리치의 노동자들'에게 강연했다. 헉슬리는 백악을 가열하면 탄산염이 증발한 뒤 석회가 남는다는 사실을 지적했다. 따라서 백악은 석회의 탄산

제4부. 물에서 죽다

염이고, 종유석이나 석순과 같은 재료로 만들어진 물질이라고 했다. 그는 백악 절편을 현미경으로 검사하여 흰 화학물질 외에도 많은 성분이 담겨 있음을 알아냈다. 백악에는 '무수히 많은…… 몸체가 압축되어' 있었던 것이다.

지름이 약 0.25센티미터인 '몸체'는 형태가 다양했다. 가장 흔한 종류는 '못생긴 라즈베리'처럼 보였다. 거의 둥글고 크기가 다양한 덩어리들이 잔뜩 뭉친 모양이었다. 이 미화석(微化石)은 바다에서만 사는 단세포 원생생물인 유공충(글로비게리나속)의 석회질 골격이 빽빽하게 압축된 것이다. 백악을 형성하는 여러 미화석 중에서 가장 지배적인 이 글로비게리나속 유공충으로만 거의 온전히 이뤄진 백악도 있다. 백악을 형성하는 유공충은 약 400종이고, 다들 1억 년도 더 된 화석들이다. 그중 30종은 요즘도 바다에서 산다.

1853년에 대서양 횡단 전화선을 놓을 때, 사람들은 수심 약 3킬로미터의 해저에서 처음으로 토양 표본을 채취했다. 바다 바닥에서 긁어 올린 진흙을 현미경으로 분석한 결과, 거의 전부 여러 현생 유공충 종의 골격이었다. 그 밖에는 흔히 코콜리스라고 불리는 코콜리투스목의 동그란 단세포 플랑크톤이 남긴 탄산칼슘 골격도 포함되어 있었다. 한마디로 대서양 해저 평원에 수천 제곱킬로미터 넓이로 펼쳐진 진흙은 전부 생(生) 백악이다.

토머스 헉슬리는 해저 진흙을 조사하여 그 단세포 플랑크톤의 골격을 처음 확인한 사람이기도 하다. 그중에서도 중요한 한 종에는 그의 이름을 따서 에밀리아니아 혁슬레이(줄여서 에훅스)라는 학명이 붙었다. 에훅스는 해양 코콜리스 중에서 개체수가 압도적으로 많은 종이다. 에훅스는 수만에서 수십만 제곱킬로미터에 달하는 방대한 해역에서 대량 증식한다. 그러면 바닷물이 밝은 옥색이 되는데, 우주에서도 그 색깔이 보일 정도다. 백악기 후기에는 확장하는 대륙 지각판에서 뿜어져 나온 뜨거운 마그마 때문에 대형 화산이 분출하고 온실 가스가 배출되었다. 그 때문에 기온이 높아져서 만년설이 녹았고, 해수면이 오늘날보다 600미터 높은 수준까지 상승하여 대륙이 잠겼다. 어쩌면 당시에 에훅스가 지구 온난화를 다스리는 데 도움이 되었을지도 모른다. 그렇다면 오늘날 진행되는 지구 온난화에서는 에훅스가 어떤 역할을 할까? 이 문제에 대해서는 논쟁이 한창 진행 중이다. 대량 증식한 플랑크톤은 빛과 열을 반사하여 기온을 높이지만, 또 한편으로는 대기 중 이산화탄소를 포획하여 탄산칼슘 골격을 형성함으로써 이산화탄소를 바다 밑에 가라앉히는 역할을 한다. 에훅스는 엄청나게 많은 이산화탄소를 대기에서 제거하여 백악과 석회암 형태로 가두었다.

백악은 전 세계 지층에서 발견된다. 영국, 프랑스, 독일, 러시아, 이집트, 시리아 밑에 깔린 백악층은 폭이 약 4,800킬로미터나 된다. 어떤 지역에서는 백악층 두께가 300미터를 넘는다. 지하에 퇴적된 백악은 보통 지질학적 단층에서 겉으로 노출되는데, 제일 눈에 띄는 곳은 절벽이다. 그중에서도 제일 유명한 곳은 영국 해협에 면한 도버 절벽이다.

주성분인 해양 플랑크톤의 미화석 외에도 백악에는 성게, 불가사리, 앵무조개, 기타 연체동물, 심지어 플레시오사우루스까지 백악기 바다를 누볐던 1,000종 남짓한 종들의 화석이 훌륭하게 보존되어 있다. 가끔 까만 플린트가 약간 섞여 있을 때도 있다. 플린트도 동물 사체가 재활용된 물질이지만 형성 과정은 완전히 밝혀지지 않았다. 헉슬리가 백악 한 조각을 현미경으로 조사하여 끌어낸 결론의 속뜻은 엄청났다. 오늘날 백악으로 덮인 방대한 육지가 고대 언젠가는 바다 밑바닥이었다고 주장한 셈이었기 때문이다. 헉슬리는 대서양 진흙의 약 5퍼센트는 탄산칼슘이 아니라 규토라는 사실도 확인했다. 규토는 규산질 껍데기를 지닌 조류인 규조류, 그리고 해면의 골격에서 생성된다. 따라서 우리는 규조류가 햇빛을 받을 수 있는 표층수에서 유래했으리라는 사실을 유추할 수 있다. 규조류는 '규조토'라고 불리는 퇴적물뿐 아니라 석유의 성분일 것으로도 짐작된다.

석회암의 유래는 백악과 비슷하다. 석회암은 주로 단세포 해양 플랑크톤의 골격 파편에서 비롯한 탄산칼슘으로 이뤄진 퇴적암이다. 조개껍데기, 바다나리, 산호의 잔해가 섞였을 때도 있는데, 이런 성분은 대양섬을 형성하는 성분이기도 하다. 산호의 유생은 자유롭게 유영하다가 단단한 바탕을 만나면 들러붙어 탄산칼슘 기반을 형성하고, 그것이 산호의 골격이 된다. 산호 개체가 죽어도 골격은 남아 다른 개체가 그 위에 또 붙고, 그렇게 착착 쌓인 것이 결국 석회암 산호초가 된다. 석회암과 그 변형인 대리석은 고대부터 중요한 건축 재료였다. 피라미드는 석회암으로 된 인공 산이다. 한편 로마인은 최초로 석회암으로 시멘트를 만든 사람들이었다. 석회암을 약 230도로 구워 탄산칼슘에서 이산화탄소를 제거한 뒤 남은 가루에 물을 섞으면 콘크리트에 쓸 훌륭한 결합제가 되었다.

　로마인이 콜로세움을 세울 수 있었던 것은 예루살렘을 약탈하여 약 10만 명의 유대인을 포로로 삼음으로써 노동력을 끌어왔기 때문이지만, 만일 당시에 갓 발명된 콘크리트가 없었다면 건축이 불가능했을 것이다. 로마로부터 30킬로미터 떨어진 곳에서 채굴한 온천 침전 석회암과 대리석을 굳혀서 좌석과 외벽을 만들 수 있었던 것은 콘크리트 모르타르 덕분이었다. 콘크리트는 작물에 댈 용수는 물론이거니와 생명과 권력을 로마로 실어다준 수도관을 짓는 데도 쓰였다. 거의 2,000년 전에 로마인이 문명을 세우는 데 썼던 재료를 요즘 우리도 갖가지 공적, 사적 토목 사업에 쓰고 있다. 나는 메인 숲에 오두막을 지을 때 콘크리트로 기반암을 다졌다. 우리는 말 그대로 지나간 지질학적 시대의 해양 생명들이 남긴 잔해 위에서 사는 셈이다.

　우리 인간의 몸도 훨씬 이전에 살았던 생물들의 생명으로 만들어졌다. 우리 DNA에는 우리 종이 탄생한 시점까지 거슬러 올라가는 계통의 유산은 물론이거니와 다른 계통들의 생명도 담겨 있다. 우리 세포 속 미토콘드리아는—탄소화합물을 연소함으로써 우리가 식물에게서 빌려 왔다고 말할 수 있는 탄소-탄소 결합에 담긴 에너지를 끌어내는 발전소다—과거에 우리 세포 속에 터전을 마련했던 세균에서 유래했다. 그 세균은 더 증식하지 **않는** 방향으로, 또한 주변 환경이 제공하는 자원 외에는 더 쓰지 않는 방향으로 진화함으로써 처지에 맞게 살아가도록 적응했다.

고대의 세상들은 오늘날까지도 살아가고 있다. 많은 산호가 조류 공생자를 품고 있다. 산호의 밝은 빛깔은 그 조류 때문이다. 조류는 산호를 집으로 삼아 살면서 산호에게 먹이가 되는 유기물질을 제공한다. 수온이 높아지면 조류가 죽는데, 그러면 산호는 탈색되다가 끝내 굶어 죽는다. 산호초(또한 산호초로 형성된 섬)는 산호의 분해되지 않는 탄산염 골격이 쌓여서 만들어진 것이라는 사실을 처음 가설로 제안한 사람은 찰스 다윈이었다. 산호초는 오늘날 지구에 존재하는 생태계 중에서도 가장 풍성하고 다양한—그리고 가장 심각한 위기에 처한—생태계다.

해양에서 재활용되지 못하고 남은 사체들이 지질과 대기에 미친 영향이 이토록 크지만, 고대 세계의 사체들이 지금껏 남아 있기는 육지도 마찬가지다. 주로 재순환되지 못했거나 불완전하게 재순환된 식물로 이루어져 매장된 토탄, 석탄, 석유이다. 춥고 산소가 없는 환경에서는 죽은 식물이 재순환되지 못한다. 그런 식물은 먼저 토탄으로 변했다가, 그다음에 갈탄이 되고(형성된 지 1만 년 미만으로 섬유질이 아직 남아 있다), 그다음에 역청탄 혹은 연탄이라고 불리는 물질로 변한다. 그보다 더 지나면 무연탄 혹은 경탄이라고 불리는 물질이 된다. (원유의 기원은 아직 논쟁 중이다. 한 가설은, 석유는 주로 조류나 동물성 플랑크톤 같은 고대 생명이 불완전하게 분해되어 만들어진 게 **아니라는** 주장이다. 그보다 더 지배적인 가설은, 그렇게 만들어진 게 맞다는 주장이다.)

석탄은 최초의 양서류가 육지로 올라오고 목본 양치류와 석송류가 우거진 열대 밀림에서 거대 잠자리가 날았던 시절의 방대한 습지에서 유래했다. 주로 그런 식물의 잔해가 대량으로 누적되어 물에 잠겼다가 침전물에 덮이기를 반복했다. 식물의 잔해는 높은 압력과 온도를 겪으면서 차츰 바위로 변했다. 이 과정은 지금도 진행되고 있다.

석탄은 산업혁명의 불씨를 당긴 뒤 연료를 제공했고, 엄청난 인구 폭발을 뒷받침했으며, 요즘도 여전히 채굴되어 연소되고 있다. 매장량이 방대한 석탄은 지금으로부터 3억 6,000년에서 2억 9,000년 전 데본기와 백악기에 만들어졌다. 그러나 그때도 이미 그보다 훨씬 더 오래된 식물들의 잔해가 무연탄으로 바뀌어 있었을 것이다. 석탄은 충돌하는 지각판에 끼어서 지하 140~190킬로미터까지 묻혔고, 그곳에서 극단적으로 높은 압력과 온도를 겪음으로써 결국 지구에서 자연적으로 생성되는 물질 중 가장 단단한 다이아몬드로 바뀌었다.

우리에게 다이아몬드는 영원과 순수의 상징이다. 그런데 다이아몬드가 생명에서 비롯했다는 사실을 떠올린다면, 그것은 비단 사랑을 통한 재생뿐 아니라 생명의 영속성을 뜻하는 상징으로도 느껴진다. 다이아몬드는 영원히 이어지는 생명의 화석이다. 생명이 지구의 진화 역사에서 벼려짐으로써 탄생한 화석이다. 그러나 다이아몬드가 정말 생명의 소중함을 선언하는 상징이라면, 그 생명이란 오늘날 살

제4부. 물에서 죽다

아 있는 특정 동물종의 생명만을 뜻하는 광고 문구 같은 의미는 아닐 것이다. 모든 시대의 모든 생명을 뜻할 것이다.

제5부

변화

문화는 지나간 시대의 생물로 만들어진 우리 발밑의 백악이나 석회암과 같다. 문화는 우리의 지식, 우행, 열망이 긴 시간 동안 축적되어 이룬 잔여물이다. 문화는 우리가 눈과 귀를 통해 뇌로 흡수하는 비물질적 생명이다. 식물이 뿌리와 잎의 기공으로 영양분을 흡수한 뒤 당과 DNA로 바꿔내는 것처럼 말이다. 우리가 물려받고 흡수하는 이 비물질은 우리 자신의 삶과 미래 후손의 삶에 석회암 못지않게 크나큰 물질적 영향을 미친다. 물질의 재순환과 비물질의 재순환 사이에는 분명한 경계가 없다.

재순환의 메커니즘은 다양하다. 그러나 모두 공통점이 있다. 겉모습만 순식간에 바뀌는 과정은 아니라는 점이다. 니크로포루스 송장벌레는 호박벌의 생김새와 소리를 모방한 형태로 '순식간에' 바뀐다. 어떤 애벌레는 자세만 척 바꾸면 당장 뱀이나 나뭇가지처럼 보인다. 그러나 그것은 그들이 실제로는 전혀 바뀌지 않았다는 사실을 감춘 거짓 변형이다. 진정한 재순환에는 많은 시간이 들고, 한 몸과 마음이 그와는 다른 생리, 행동, 생태를 지닌 다른 몸과 마음으로 탈바꿈하는 과정이 수반된다. 물리적 변형은 곤충과 양서류에서 규칙적으로 벌어지고, 그보다 덜 흔하지만 다른 척추동물에서도 발생한다.

생물학이 과학으로서 존재하기 전, 올챙이가 개구리로 변하는 것 같은 자연적 전환을 목격한 사람들은 그와 비슷한 마법을 통해서 공주가 두꺼비로 변할 수도 있고 그 역도 가능하리라고 믿었을 것이다. 왜 아니겠는가? 인간이 사춘기에서 성인으로 전환하는 과정은 올챙이가 개구리로 탈바꿈하는 과정과 약간이나마 비슷하다. 오늘날 발생생물학이 가르쳐주었듯이, 인간 배아는 자궁 속 양수에 떠 있을 때는 물고기를 닮았고, 새끼쥐를 닮은 모습으로 변형되었다가, 사람의 모습으로 태어난다. 그러나 우리에게 더 중요한 점은 따로 있다. 우리가 이후에도 계속 탈바꿈한다는 사실이다. 우리는 물리적 영역에서 순환할 뿐 아니라 정신적, 영적 영역에서도 순환한다. 그리고 그보다 더 중요한 점이 있다. 우리는 스스로 내리는 결정을 통해서 자신의 변신을, 나아가 다른 생명의 변신을 제어할 수 있는 유일한 동물이라는 점이다.

10

새로운 생명과
삶으로의 탈바꿈

우리는 받은 것으로 생계를 꾸리고,
주는 것으로 인생을 꾸린다.
– 윈스턴 처칠

1951년 봄날 아침, 우리 가족이 미국인이 되기 위해 증기선을 타고 뉴욕의 스카이라인으로 다가가는 동안, 아버지는 내게 자유의 여신상과 콜리브리스를 볼 준비를 하라고 일렀다(콜리브리스는 독일어로 벌새를 뜻한다 – 옮긴이). 나는 특히 후자를 기대했다. 며칠 뒤 메인에서 처음 벌새를 봤을 때의—붉은목벌새 수컷이었다—기쁨은 엄청났다. 그러나 내가 벌새를 손에 넣기까지는 시간이 걸렸다. 나는 새총의 달인이었지만 이 새는 만만치 않았다. 그런데 막상 한두 달 뒤에 잡은 녀석에 대해서 나는 아무 준비도 되어 있지 않았다.

아메리카 대륙에는 벌새가 알려진 종만 339종 살고 있다. 많은 종이 식물의 중요한 꽃가루받이로 기능한다. 벌새는 꽃을 그저 아름답기만 한 것에서 씨앗을 맺는 기관으로 탈바꿈시키는 기적을 일으킨다. 나는 벌새가 미국 어디에 사는지, 종류가 얼마나 많은지, 어떻게 생겼는지 알지 못했다. 그러나 유달리 경이로운 종류가 있다는 이야기는 들었다. 벌새 중에서도 제일 작은 새, 호박벌벌새라고도 불리는 쇠붉은수염벌새였다. 그리고 바로 그 새처럼 보이는 것을 목격했을 때—호박벌처럼 작았지만, 메인의 우리 집 정원에 핀 꽃에 앉아 있는 게 아니라 그 앞에 떠 있었다. 작은 날개가 씽씽 돌았고, 꽃에서 꽃으로 옮길 때마다 짧은 꼬리가 부채처럼 펼쳐졌다—나는 녀석을 갖고 싶었다. 몹시. 녀석은 순했다. 나는 집으로 달려 들어갔고, 아버지의 포충망을 챙겨서 달려 돌아와서, 포충망을 휘둘러 단번에 녀석을 잡았다. 녀석이 그물 너머에서 퍼덕이는 것을 본 승리의 순간, 흥분이 놀라움으로 바뀌었다. 더듬이가 한 쌍 보였기 때문이다. 나는 그제야 그것이 나방이란 걸 알았다.

확인해보니 녀석은 벌새나방이라고도 불리는 황나꼬리박각시속 (헤마리스) 나방이었다. 그 속에도 여러 종이 있다. 이 녀석은 눈이 컸고, 등은 옅은 초록색이었고, 배에는 흰 털이 보송보송 나 있었다. 부리 대신 긴 주둥이가 있었다. 혀 같은 주둥이는 사용하지 않을 때는 돌돌 말아 '턱'에 붙여둔다. 이 나방은 전 세계에 서식하는 박각시과에 속하는데, 박각시는 스핑크스나방이나 매나방이라고도 불린다. 그러나 벌새를 의태한 듯한 행동이나 벌새와 유사한 생리를 차치하더라도, 우리는 박각시의 아름다움에 놀라지 않을 수 없다. 박각시의

제5부. 변화

벌새나방이라고도 불리는 황나꼬리박각시의 성체, 유충, 번데기.

섬세한 색깔 배합은 빨려들 듯 매혹적이다. 털처럼 보이지만 정확하게 말하자면 털이 아닌 비늘털로 덮인 부드러운 몸통에는 다양한 명암의 회색에 검은색, 새하얀색, 깊은 갈색, 노란색, 보라색, 분홍색, 루비 같은 붉은색, 에메랄드 같은 초록색이 섞여 상상할 수 없을 만큼 다채로운 조합과 무늬를 자랑한다. 새의 선명한 색깔은 성적 과시인데 비해, 이 나방의 다채로운 무늬는 나무껍질이나 나뭇잎을 배경으로 위장하는 용도이거나 갑자기 가짜 눈 무늬를 드러내어 포식자를 놀라게 만드는 용도이다. 황나꼬리박각시를 제외하고는 대부분의 박각시가 야행성이고 다들 냄새로 소통한다.

박각시가 가만히 있을 때 새와 혼동할 사람은 아무도 없다. 그러나 녀석이 날아오르면 그때는 정말로 벌새처럼 보인다(결코 매처럼 보이진 않지만!). 이 나방은 새와 크기가 겹친다. 제일 큰 종은 양 날개 폭이 20센티미터나 된다. 박각시가 벌새의 외형을 닮은 것은 꽃 앞에서 공중 정지한 채 꿀을 빠는 역할을 똑같이 해내기 위해서이다. 그러나 몸 구조는 새와는 딴판이다. 벌새는 다리가 둘이고 다리마다 발가락이 네 개씩 있지만, 박각시는 다리가 여섯이고 발가락은 없다. 벌새는 긴 부리와 긴 혀가 있지만, 박각시는 돌돌 말거나 펼 수 있는 빨대처럼 긴 주둥이가 있다(어떤 종은 주둥이 길이가 몸통의 두 배다). 벌새는 몸집에 비해 큰 뇌가 있지만, 박각시는 가슴에 뉴런이 약간 뭉쳐 있고 머리에는 그보다 더 작은 덩어리가 있을 뿐이다. 벌새는 근육으로 뼈를 곧장 잡아당겨서 두 날개를 움직이지만, 박각시는 뼈가 없고 날개는 네 장이다. 벌새는 혈액을 통해서 근육으로 산소를 펌프질하는 폐가 있지만, 박각시는 폐가 없고 혈액이 산소를 운반하지 않는다. 똑같은 게 거의 하나도 없다. 겉모습이 닮았다는 점 외에는.

우리가 박각시를 몰랐다면, 이 나방이 딴 세상에서 온 생명체처럼 보였을 것이다. 그래도 다른 친숙한 생물체와 닮았다고 생각할 순 있었을 것이다. 그런데 사실 그것은 나방의 일생에서 특정한 단계에만 해당되는 말이다. 나방에게는 그와는 전혀 다른 삶이 또 있다. 우리가 익히 알기 망정이지, 그렇지 않다면 절대로 같은 동물이라고는 짐작도 못할 단계가. 우리가 그 변신을 세밀하게 연구한다면, 두 단계는 같은 유전자 공급원에서 나온 게 아니란 사실이 밝혀질지도 모른

제5부. 변화

다. 이 장에서 나는 생명이 다른 생명으로 변형되는 또 다른 방식을 살펴보겠다. 그럼으로써 자연의 장의사 개념과 메커니즘을 좀 더 깊이 이해할 수 있을 것이다.

여느 곤충처럼, 박각시는 두 '인생' 사이에 마치 죽은 것처럼 존재하는 기간을 몇 주에서 1년까지, 심지어는 여러 해 겪는다. 시계를 열 달만 앞으로 돌렸다면, 내가 그해 봄에 잡았던 벌새나방은 아직 피부가 미끄럽고, 색깔은 완두콩 같은 연두색이고, 위장이 크고, 주둥이도 날개도 없는 동물이었을 것이다. 그 유충은 재빠르게 썰어대는 칼 같은 작은 턱 외에 다른 부위를 거의 움직이지 않는다. 길 줄 알지만 아주 천천히 움직인다. 나방의 힘과 비행 속도가 적응인 것처럼, 유충의 무거운 엉덩이와 굼뜬 행동도 적응이다. 유충은 덜 움직이고 느리게 움직일수록 포식자에게 들킬 가능성이 낮다. 포식자는 대상의 움직임을 단서로 삼아서 먹잇감을 감지하기 때문이다. 우리가 유충을 손에 쥐면 그렇게 두드러져 보일 수가 없지만, 자연의 서식지에서는 유충이 거의 눈에 띄지 않는다. 배경과 비슷한 색깔, 방어 음영(햇빛을 받는 등쪽의 색깔이 짙고 그늘이 지는 배쪽이 엷음으로써 입체감이 느껴지지 않게 만드는 위장 전략 - 옮긴이), 잎에 난 흠처럼 보이는 피부의 갈색 점 같은 교묘한 트릭을 통해서 자신이 뜯어 먹고 있는 나뭇잎에 녹아들기 때문이다. 애벌레는 나뭇잎이 달린 가지에 단단히 붙어서, 매일 한 잎에서 다른 잎으로 겨우 몇 센티미터만 이동한다. 나뭇잎을 조금이라도 남겼다가는 새들이 그것을 단서로 애벌레의 위치를 찾아낼 테니, 한 점도 남기지 않고 싹 먹어 치운다. 다른 나뭇잎으로 옮기기 전에 다 먹은 나뭇잎의 잎자루까지 씹어서 자취를 몽땅 지운다. 포식자, 보통은 새가 가지에 앉으면, 애벌레는 상체를 뒤로 젖혀 이집트 스핑크스 같은 포즈로 뻣뻣하게 죽은 듯 가만히 있는다. '스핑크스나방'이라는 이름은 여기에서 왔다.

변태(變態)의 여러 수수께끼 중에서도 가장 이론적인 문제는 왜 생물이 변태하는가, 왜 그런 현상이 필요한가 하는 것이다. 정석적인 설명은 이렇다. 변태는 성체에 도달하기 위해 꼭 필요한 성장의 기능이고, 그 과정에서 동물은 과거 진화의 역사에서 거쳤던 형태를 차례차례 다시 발달시켜야 한다는 것이다. 그렇다면 올챙이는 양서류에 도달하기 위해서 선조 어류의 시기를 다시금 밟는 셈이다. 사람 배아에게 있는 아가미틈과 꼬리도 과거의 진화 경로를 되밟는 셈이다. 이런 발생 초기 단계는 분류학적 지표로 유용하다. 전혀 다른 두 동물이—가령 새와 나방이—수렴 진화로 비슷한 외형을 갖게 되었더라도 발생 초기만큼은 대단히 보수적으로 예전 형태를 유지하기 때문이다.

실제적인 예로서 다랑어와 고래를 생각해보자. 다랑어와 달리 고래 태아에게는 포유류 같은 앞뒷다리가 있으므로, 배아를 보면 고래가 형태는 어류를 닮았을지언정 어류가 아니라 포유류임을 유추할 수 있다. 마찬가지로 박각시는 새를 닮았지만 새가 아닌데, 유충 단계인 애벌레는 어류도 조류도 양서류도 닮지 않았다. 유충이 훌륭한 분류학 도구라는 사실은 찰스 다윈도 보여주었다. 한때 산호는 고도로 분화한 연체동물로 간주되었다. 딱딱한 탄산칼슘 껍데기 때문이다. 그러나 다윈은 산호의 유생이 새우처럼 자유 유영하는 형태임을 지적했다. 그래서 요즘 산호는 달팽이보다는 게나 그 친척과 더 가까운 생물로 분류된다.

발생 과정의 변형이 진화적 변화를 되밟는다는 원칙은 "개체발생은 계통발생을 반복한다"는 말로 표현된다. 독일 생물학자 에른스트 헤켈의 통찰이라고 알려진 이 원칙은 비록 기각되진 않더라도 혹독한 비난을 자주 받았다. 이 원칙이 보편적으로 적용되진 않기 때문이다. 계통발생을 끌어들인 설명은 곤충과 척추동물을 구분하는 데는 알맞을 수도 있다. 이런 집단들은 집단 내에서는 초기 배아가 다 비슷하게 생겼지만 다른 집단의 배아와는 전혀 다르게 생겼기 때문이다. 그러나 해면, 불가사리, 성게 같은 해양 무척추동물은 발생 초기 형태가 성체와 딴판일 때가 많다. 조개와 그 친척에서 유래한 문어는 (초기 화석을 보면 달팽이 같은 껍데기가 있다) 플랑크톤으로 삶을 시작하지만, 달팽이를 닮은 중간 단계를 거쳐서 탈바꿈하진 않는다. 문어는 알에서 나올 때부터 문어처럼 생겼다. 계통발생 반복의 원칙은 그밖에도 많은 생물에게 적용되지 않는 듯하다. 곤충도 그렇다. 곤충의 변태는 정말이지 한 동물에서 전혀 다른 동물로 변신하는 것만 같다.

곤충은 약 4억 년 전 백악기에 해양 갑각류를 닮은 선조에서 비롯한 오래된 집단이다. 그 선조는 뭍에 오를 때 보호용 갑옷을 갖고 왔고, 골격으로도 기능한 갑옷은 이후 갖가지 형태로 변형되었다. 그러나 개체가 성장하려면 외골격을 주기적으로 벗을 필요가 있었다. 부드럽지 않은 외골격은 늘어나지 않기 때문이다. 모든 곤충은 여러 차례 탈피를 겪으면서 성충 단계에 도달하며, 탈피할 때마다 몸이 더 커지고 형태도 살짝 바뀌곤 한다. 요컨대 탈피는 변화하기 위한 필수 단계이지만, 반드시 변태가 수반되는 것은 아니다. 곤충 중에서도 원시적인 종류는 크기 외에는 거의 바뀌지 않는다. 좀과 톡토기는 축소판 성체의 형태로 알에서 나온다. 메뚜기(메뚜기목), 노린재(노린재목), 바퀴와 흰개미도(바퀴목) 탈피 과정에서 변화가 거의 없다. 그렇다면 의문이 든다. 왜 곤충의 일부 목에서는 '파국적일' 만큼 극적인 신체 변형이 일어날까? 나비목(나방과 나비), 파리목(파리), 딱정벌레목(딱정벌레)은 모두 굼벵이나 벌레 같은 유충 단계를 거치지 않는가? 지금부터 설명하겠지만, 이런 집단들이 변태 과정에서 겪는 극적인 변화는 정말로 죽음 후의 환생이라고 불러도 좋을지 모른다.

일부 곤충과 그 밖의 몇몇 동물의 변태에서처럼 전혀 다른 두 세트의 유전자 지침이 함께 작동할 때, 그 결과로 탄생하는 존재는 새로운 종이나 마찬가지다. 유충의 유전자 지침이 꺼지고 성충의 지침이 켜지는 것이다. 하지만 왜 전혀 다른 두 동물의 지침 두 세트가 한 몸에 있을까? 정석적인 대답은, 애벌레와 나방 성충은 서로 다른 필요를 만족시키기 위해서 서로 다른 유전자 지침을 갖고 있다는 것이다. 그러나 어떻게 한 종이 두 유전체를 갖게 되었단 말인가? 최근까지 널리 채택된 견해는 생물이 생애 주기의 두 단계에 서로 다른 선택압을 받음으로써 점진적인 자연선택에 따라 지금의 상황으로 귀결했다는 것이다. 초기 단계에는 성체의 유전자가 강하게 억제되다가 올바른 시점에 활성화된다는 것이다. 그러나 또 다른 새로운 이론도 있다. 구더기에서 파리로, 애벌레에서 나방으로의 변태는 연속성이 없고 너무나 극단적이므로, 그런 곤충의 성체는 정말로 새로운 생물로 봐야 한다는 주장이다. 이 가설에 따르면, 이런 동물들은 바다에서 살면서 체외수정을 하던 고대 어느 시점엔가 다른 종과 결합하여 잡종이 되었다. 그래서 두 번째 유전자 지침을 품게 되었고, 그 지침은 환경 조건이 알맞을 때 활성화할 수 있다. 한마디로 이런 동물은 두 동물이 혼합된 키메라이고, 첫 번째 동물이 살다 죽은 뒤 두 번째 동물이 나타난다.

서로 다른 두 생물이 한 몸을 재활용하여 순차적으로 살게 됨으로써 변태라는 현상이 등장했다는 이 발상은 언뜻 터무니없어 보인다. 아니나 다를까, 처음 이론을 제안했던 해양생물학자 도널드 윌리엄슨은 상당한 조롱을 받았다. 그러나 다른 생물의 유전체를 통합하여 탄생한 키메라 개념은 사실 버젓한 주류 생물학의 일부이다. 나는 대학원생이었던 1960년대에 유글레나 그라킬리스라는 원생생물을 연구했다. 이 원생생물은 핵에 유전자 지침을 간직하고 있지만, 몸체의 미토콘드리아에는 그와는 또 다른 지침이 있고, 엽록체에도 세 번째 지침이 있다. 나는 이 미생물에게 당, 아세트산, 기타 유기 화합물을 먹이면서 캄캄한 곳에서 길렀다. 유글레나는 청소동물이다. 그러나 내가 빛을 비추면 식물로 변했다. 엽록체를 갖고 있기 때문에 공기 중 이산화탄소 외에 다른 탄소 화합물을 쓸 필요가 없는 것이다. 유글레나를 비롯한 일부 원생생물이 이렇게 변신할 수 있는 것은 원래의 DNA 외에도 과거에 세균에서 유래한 미토콘드리아의 DNA가 있어서 그것으로 당을 분해하여 이용할 수 있고, 과거에 조류에서 유래한 엽록체의 세 번째 DNA를 써서 식물이 될 수도 있기 때문이다. 엽록체는 원래 남조류였던 것이 새로운 환경에서—다른 세포 속에서— 살아가고 심지어 번식하도록 적응한 결과이다. 모든 생물이 그래야 하듯이, 엽록체는 주변 환경에 익숙해지고, 자제를 발휘하고, 적절한 자극에 반응함으로써 적응했다. 제일 중요한 적응은 숙주를 파괴할 정도로는 번식하지 **않는** 것이었다.

유글레나의 사례에서는 유전체의 일부가 다른 생물에게 통합되어 합성 생물을 낳았다. 그러나 이런 식의 DNA 전달은 알고 보면 늘 상 일어난다. 박테리오파지 바이러스가 세균을 감염시킬 때, 바이러스는 감염된 세포의 유전물질을 다른 세포의 유전체에게 전달하곤 한다. 유전물질은 두 번째 세포에게 통합되어, 세포가 분열하고 증식하는 동안 무한정 함께 증식한다. 형질 도입이라고 불리는 이 과정은 분자생물학에서 기본으로 정착된 실험 수단이다. 앞에서 언급했던 산호의 경우, 한 개체의 세포 전체가 다른 세포 내부에서 반독립적으로 살아가며 증식할 수 있다. 비슷한 식으로, 어떤 대형 조개는 내부에 녹조류를 간직하고 있는데, 여느 초록 세포가 그렇듯이 이 녹조류는 이산화탄소를 탄소 화합물로 고정함으로써 우선 제 몸을 만들고, 숙주인 조개에게도 제공한다. 이렇게 세포 일부가 다른 세포 속에서 살아가고 세포 전체가 다른 생물 속에서 살아가듯이, **생물** 전체가 다른 생물 속에서 살아갈 수도 있다. 원생생물과 세균이 흰개미, 코끼리, 기타 수많은 동물계 구성원의 소화관 속에서 살아가는 것처럼. 이런 공생은 생태계 차원으로도 확장되고, 궁극에는 무수한 생물체가 상호 의존하는 차원으로도 확장된다. 지구라는 생물권 전체로 말이다.

원생생물이 조류로부터 유용한 유전자 지침을 얻었다는 발상, 흰개미가 원생생물로부터 유용한 유전자 지침을 얻었다는 발상은 인간이 가축 동식물을 사회로 받아들여 맥너겟과 프렌치프라이를 만드는 새로운 유전자 지침을 얻었다는 발상보다 더 황당할 것도 없다. 차이가 있다면 새로운 유전자 지침이 작동하는 차원이 다를 뿐이다.

새로운 유전자 지침이 어디에서 왔는가 하는 문제와는 별개로, 일부 곤충과 동물의 변태 과정에는 실제로 전혀 다른 두 유전자 지침이 작용한다. 두 지침은 서로 다른 종만큼이나 다르다. 어쩌면 그 이상이다. 따라서 그것은 한 개체에서 다른 개체로의 환생에 해당할뿐더러 심지어 한 종에서 **다른** 종으로의 환생에 해당한다. 어떻게 한 생물체에서 작동하는 두 지침이 '물고기도 아니고 새도 아닌' 엉망진창의 결과를 용케 피할까? 이 의문은 두 지침이 어디에서 유래했는가 하는 문제와는 또 다른 문제이다. 그 답인즉, 한 몸의 대부분이 죽고 새로운 몸에서 새로운 생명이 부활한다는 것이다. 모든 곤충은 대강 그런 식으로 탈바꿈한다. 내가 잡았던 벌새나방의 애벌레는 온전히 다 자란 뒤 평생 터전으로 삼았던 체리나무를 떠나서 땅으로 내려와 흙 속에 몸을 묻었을 것이다. 스스로 토굴을 파고, 캄캄한 곳에 꼼짝 않고 누웠을 것이다. 애벌레의 몸은 차츰 쪼글쪼글해져서 줄어든다. 녀석은 죽은 껍질을 벗고, 딱딱한 관에 든 미라 같은 형상으로 바뀐다. 내장이 차츰 녹아서 내부는 곤죽처럼 바뀌고, 대부분의 세포가 죽는다. 그러나 '성충판'이라고 불리는 일부 세포 집단은 남는다. 식물의 싹이 가지로 자라고 가지가 새로운 나무로 자라듯이, 성충판은 씨앗이나 알처럼 새로운 기관을 생성하는 역할을 맡는다. 겉보기에는 '휴면'하는 듯한 번데기 시기에, 성충판에서 분비된 효소는 유충의 세포를 모조리 죽이고 그로부터 얻은 단백질이며 다른 영양분을 성충판에 통합시킨다. 유충의 세포는 전부 새로운 세포로 교체되고, 새로운 세포는 질서 정연하게 스스로 조립하여 나방이 된다. 대개의 생명이 그렇듯이 이 과정은 생물의 생리 현상에 직접 영향을 미치는 유전적 지침에 따라 진행된다.

우리 인간의 변형 과정도 크게 다르지 않다. 그러나 우리에게는 새로운 특징이 추가된다. 첫째, 우리의 변화는 점진적이고 평생에 걸친다. 둘째, 유전자만이 아니라 뇌도 지시를 내린다. 우리의 뇌는 사상(思想)을 통해서 거의 말 그대로 환생을 초래할 수 있다. 자신은 물론이거니와 다른 사람들의 환생도.

11

믿음, 매장,
영원히 이어지는 생명

∞

나는 실제 미래가 상상보다 훨씬 더 놀라우리라고 믿어 의심치 않는다.
내가 의심하는 것은 우주가 상상을 뛰어넘을 만큼 기묘한 게 아니라
상상의 한계를 뛰어넘을 만큼 기묘하지 않을까 하는 점이다.
- J. B. S. 홀데인, 『가능한 세상들』

우리 집에서는 종교와 제물낚시 사이에 분명한 구별이 없었다.
- 노먼 매클린, 『흐르는 강물처럼』

우리는 우리 종이 유전적으로 특별하다고 생각할지 모른다. 실제로
그렇다. 모든 종이 특별하니까. 사실 집단으로서 우리 종의 DNA는
모든 생명의 DNA를 혼합한 것이며, 그 혼합물의 유래는 생명의 여명
에 존재했던 공통의 기원까지 거슬러 올라간다. 공통의 기원에서 가
장 최근의 사례를 들자면, 우리에게는 공통의 사냥꾼 선조가 있었다.
앞에서 보았듯이, 그 선조의 기술과 지식은 동물 사체를 재활용하는
작업에서 결정적이었다. 그리고 그 사체는 살아 있는 동물에게서 나
온 것이었다. 만만찮은 사냥감이었던 그들을 효율적으로 사냥하기
위해서는 사냥꾼이 녀석들을 잘 알아야 했기 때문에, 우리는 감정 이

입 능력을 갖추게 되었다. 우리는 동물이 창이나 화살에 찔리는 순간, 우리가 '생명'이라고 부르는 귀하고 신비로운 선물이 갑자기 사라진다는 사실을 깨달았다. 죽음 직후의 시기, 몸은 아직 거의 그대로이지만 생명은 돌연 사라진 그 시기에 대해서, 우리는 다른 어떤 영역에 대해서보다도 아는 바가 적었지만 믿고 싶은 바는 많았다. '그것'은 어디로 갔을까? 그것은 어디에서 왔고, 왜 왔을까? 인간은 자신의 생명과 운명을 이해하려는 시도로서 인류 창조에 얽힌 설화를 지어냈다. 그런 이야기는 인간과 인간의 관계, 나아가 인간과 지구의 관계를 규정했고, 그럼으로써 도덕성을 북돋았다. 당시에는 그런 이야기를 지어내는 데 쓸 지식이 부족했지만, 그 지식에 닻을 내린 믿음은 강해야만 했다. 우리는 은유의 힘을 빌려, 아는 것으로 모르는 것을 설명했다. 은유가 진짜처럼 보이려면, 존재론적인 면에서 어떤 진실을 건드려야만 했다. 그리고 우리는 우리를 기분 좋게 만드는 내용일수록 그 이야기를 좀 더 기꺼이 받아들였다.

이집트인에게 소똥구리(아마도 스카라바이우스 사케르였을 것이다)는 태양신 라를 아침마다 하늘 높이 굴리는 신성한 풍뎅이 케프리를 뜻했다. 이집트인이 생명의 창조주라고 믿었던 라는 매일 무(無)에서 스스로를 창조하여 하늘을 가로지른 뒤, 밤이면 지하 세계로 돌아가 소멸했다. 사람들은 소똥구리 장신구를 무수히 제작하여 부적으로 썼고, 미라화한 시체의 심장에도 놓아주어 내세로 가는 길의 준비물로 쓰게 했다. 내세에 관한 지침은 '사자의 서(書)'라고 불리는 두루마리에도 나와 있다(고대 이집트인은 '낮에 나오는 책'이라고 불렀다). 파

피루스 두루마리에 상형문자로 적은 그 문서들에는 사람, 동물, 악마, 신도 함께 그려져 있다. 사람들은 그 두루마리를 미라의 심장에 놓은 소똥구리 장식처럼 사체와 함께 묻었다. 영혼에게 내세에서도 지상의 쾌락을 이어가는 방법을 알려주기 위해서였다.

사자의 서 중에서도 제일 유명하고 세부까지 훌륭하게 보존된 것은 람세스 2세 치하였던 기원전 1275년경에 살았던 아니라는 남자의 두루마리다. 그림에서 아니와 그 아내는 신들에게 고개 숙여 절한다. 재칼의 머리를 한 아누비스 신은 인간의 지성과 영혼이 거하는 곳이라고 여겨졌던 남자의 심장을 저울로 달고 있다. 아니의 영혼은 자신의 심장에게 말을 걸라는 지시를 받는다. 저울 맞은편에 놓인 추는 진실의 깃털이다. 따오기 머리를 한 지혜의 신 토트가 판결을 기록하고, '삼키는 자' 암무트는(악어, 사자, 하마가 결합된 괴물 같은 키메라) 칭량 결과를 기다리는데, 그 결과에 따라서 아니의 영혼, 즉 '하'가 지상의 쾌락을 계속 즐길 수 있느냐 없느냐가 결정된다. 전자라면 그의 영혼은 매일 낮에는 태양신 라에게로 가서 즐기고 밤에는 미라가 된 몸으로 돌아올 것이다. 그러나 그의 심장을 잰 저울이 그를 비난하는 방향으로 기운다면, 암무트가 그의 영혼을 삼킬 것이다. 이집트인은 자신들이 신에게 영향을 미칠 수 있다고 믿었고, 내세에 대비하기 위해서는 현생에서 각종 규칙, 관습, 관행을 고수해야 한다고 믿었다. 그런 믿음은 피라미드를 지을 만큼 강력했다. 피라미드는 엄청난 건설 비용을 댈 만한 유력자가 자신의 내세를 보장하기 위해서 지은 구조물이었다. 그러나 고대 그리스 역사학자 헤로도토스가 지적했듯이, 노예로 예속되어 딴 사람의 내세를 보장하는 건물을 지어야 했던 민중에게는 피라미드가 공포 시대의 상징에 지나지 않았다.

요즘 우리는 이런 내세 이야기를 믿지 않는다. 한 가지 이유는 그런 믿음이 가난한 자의 것을 빼앗아 부자를 배불리는 유해한 생각임을 알기 때문이다. 우리는 생명과 행복의 기회를 모두가 똑같이 누리기를 바란다. 그런데 문제는, 세상에 종교가 한두 개가 아니기 때문에, 정의상 한 종교의 신자는 다른 많은 종교에게는 이단자라는 점이다. 대부분의 종교는 이 심각한 문제를 인식하고 있다. 전통적인 해결책은 가능하다면 남들을 '하나의' 종교로 개종시키고, 불가능하다면 강제로라도 받아들이게끔 강요하는 것이다.

여느 문화처럼, 고대 이집트 문화에서 불멸에 대한 생각은 종교와 연관되었다. 당시 사람들이 파악했던 형태의 우주가 재순환된다는 믿음과도 관련되곤 했다. 그리고 그 재순환에는 사체를 먹는 큰 새들이 결부될 때가 많았다. 요즘도 그런 믿음이 남아 있는 지역이 있다. 캐나다 브리티시컬럼비아 주 킹컴 마을의 차와타이누크 원주민은 죽은 추장의 영혼이 큰까마귀가 되어 돌아온다고 믿는다. 내가 이 책의 서두에서 소개했던 친구의 편지에도 나왔듯이, 큰까마귀는 요즘도 강력한 내세의 상징이다. 내가 그 편지를 받은 뒤, 또 다른 친구도 내게 자신이 죽은 뒤에 큰까마귀에게 먹힐 방법을 궁리하는 중이라고 말했다. "화장한 뒤에 재를 햄버거랑 섞어서 새들에게 먹일까 해." 고대 이집트인이 믿었던 대모신(大母神) 무트는 그리폰독수리의 형태로 묘사되었고, 인간이 다른 세상에서 탄생하게끔 돕는 영매라고

제5부. 변화

했다. 그러나 내세에 관한 믿음에서 그보다 더 중요한 역할을 맡았던 동물은 소똥구리였다. 이집트인에게 소똥구리의 생애 주기는 자연이 내세를 장담한다는 사실의 증거이자 인간에게 내세를 준비하는 방법을 가르쳐주는 모델이었을 것이다.

앞에서 말했듯이 소똥구리는 땅속에 묻혀서 새끼를 키운다. 사람들은 작물을 심거나 땅을 갈다가, 딱딱해 보이는 다리와 여타 신체 부위를 옆구리에 착 붙이고 가만히 있는 소똥구리 번데기를 발견했을 것이다. 내장 기관은 보이지 않았을 테고, 탈바꿈한 뒤 먹을 식량이 포함된 껍데기 속에서 죽은 듯이 갇혀 있는 몸뚱어리만 보였을 것이다. 예나 지금이나 누군가는 죽은 듯한 번데기에서 산 딱정벌레가—반들반들 새롭게 환생한 존재가—나타나서 지상으로 기어오른 뒤 날아가는 모습을 우연히 목격했을 것이다. 관찰자는 새 딱정벌레가 1년 전에 땅으로 파고들었던 딱정벌레와 (외모가) '같다는' 사실을 눈치챘을 것이다. 고대 이집트인은 딱정벌레에게 성별이 하나밖에 없다고 믿었는데, 그 또한 죽은 벌레가 산 벌레로 곧장 환생한다는 믿음에서 파생된 생각이었을 것이다.

신전과 피라미드를 짓고, 훌륭한 섬유를 짜고, 도서관을 채울 수단과 힘이 있었던 문명. 신을 동물로 묘사했고, 내세를 보장할 피라미드를 지을 만큼 믿음이 강했던 문명. 그런 문명이라면 분명 소똥구리를 연구했을 것이다. 그래서 소똥구리의 습성과 생활사를 어느 정도는 알았을 것이다. 사람들은 내세를 확보하는 데 관련이 있는 듯한 이 동물에 대해서 알고 싶었을 것이다.

고대 이집트인은 자연에서 알아낸 놀라우리만치 풍성한 사실들을 창조 설화에 끼워넣었다. 문제는 그들이 그 사실들을 전부 잘못 이해했다는 점이다. 옛말에 세부가 중요하다고 하지 않았는가. 요즘 우리는 소똥구리를 비롯한 모든 것에 대해서 그들보다 더 많이 알고 있으며, 새로운 창조 설화를 써나가고 있다. 이제 우리는 내세를 얻을 요량으로 시체를 돌돌 감싸서 소똥구리 번데기처럼 만들 필요가 없고, 시체가 되살아났을 때 밖으로 나와서 뛰놀 수 있도록 (소똥구리의 터널과 비슷하게) 외부와 이어진 긴 터널을 판 뒤 캄캄한 묘실에 시체와 함께 식량을 놓아둘 필요도 없다.

시체를 재활용하여 내세를 얻고자 했던 고대 이집트인의 믿음은 인상적이다. 그러나 그 이전 사람들에게도 그 못지않게 상상력 풍부한 믿음이 있었다. 그들 역시 화려하고 매혹적인 자연의 겉모습 이면에 대해서는 이집트인만큼 무지했기 때문이다. 우리에게 도시, 기념물, 중앙 집권적 활동을 통해서 알려진 최초의 문명은 현재 이란에 해당하는 지역에서 약 2,000년 전에 등장했다. 그런 도시가 탄생하기 전에는 사냥꾼들이 작은 마을을 이루어 그곳에서 살았다. 그들은 독수리, 큰까마귀, 수리, 두루미를 숭배했을 것이다. 적어도 그런 큰 새들에게 깊은 인상을 받았을 것이다. 독수리와 수리는 마을의 쓰레기 더미에 자주 내버려졌을 동물 사체를 쪼아 먹었을 것이다. 사람들은 그 새들을 상징적인 존재로 여겼던 게 분명하다. 고대인이 생명과 죽음을 기리는 제례였을 듯한 의식적 무용에서 그 새들의 날개를 이용했다는 증거가 있다. 지금으로부터 4,000~5,000년 전 아나톨리아의 신석기 마을 차탈 후유크에는 거의 실물 크기의 독수리가 머리 없는 사람 시체를 쪼아 먹는 벽화가 그려져 있다. 그 새는 목이 짧고 목둘레 깃이 있는 것으로 보아 회색독수리라고도 불리는 아이기피우스 모나쿠스였을 것이다. 차탈 후유크를 발굴한 고고학자 제임스 멜라트는 그 그림을 '장례의 증거'로 본다. 또 다른 벽에는 그리폰독수리(깁스 풀부스) 두 마리와 사람의 신체 일부가 함께 그려져 있다. 주거지에서는 사람 두개골이 발굴되었고, 가끔 엉망으로 섞인 뼈들도 나왔는데 맞춰 보면 불완전한 사람 골격이었다. 그곳 주민들은 일부러 시체를 내놓아 독수리들에게 먹였을까? 만일 그랬다면 독수리들은 살점이 발라진 두개골과 뼈 일부를 남겼을 것이고, 사람들은 그것을 거둬서 집 안에 묻었다. 예리코에서는 점토로 개오지과 조개껍질을 눈구멍에 박아 넣은 두개골이 여럿 발굴되었다. 어쩌면 고인을 기리는 기념물로 보관했던 물건일지도 모른다.

또 다른 차탈 후유크 벽화에는 한 사람이 머리 근처에서 뭔가 빙빙 휘두르는 모습이 그려져 있다. 멜라트는 그것을 독수리를 쫓으려는 행동으로 해석했지만, 독수리 전문가 에른스트 쉬츠와 클라우스 쾨니히는 다른 가설을 제기했다. 그들은 그 사람이 독수리를 **끌어들이려는** 것이라고 보았다. 근거는 티베트에서 실제로 관찰된 풍습이었다. 최초로 티베트를 방문한 유럽인 중 하나였던 독일 탐험가 에른스트 셰퍼의 1938년 기록에 따르면, 그곳 독수리들은 '로기아파스'가—시체 분해 전문가—끈을 휘두르면 그에게 **다가오도록** 학습되었다. 로기아파스는 독수리들이 얼른 먹어 치울 수 있도록 토막 낸 시체를 내놓았고, 새들이 식사를 마치면 로기아파스가 돌아와서 남은 뼈를 거두어 빻았다. 그러면 거의 아무것도 남지 않았다. 풍장이라고 불리는 이 관습은 간편하고 빠르고 값싸게 망자를 처분하는 방법이었다. 그리고 내세에 대한 관념은 자연히 제례와 종교적 관습으로 통합되었을 것이다.

독수리, 큰까마귀, 수리는 우리 눈에 작은 점처럼 보일 때까지 창공으로 까마득히 솟아올라 시야에서 사라진다. 그런 새가 커다란 칼깃으로 펄럭펄럭 바람을 가르고 커다랗게 나선을 그리면서 하늘에서 내려와 시신에게 다가오면, 아닌 게 아니라 그 새는 영혼이 사는 세상에서 내려왔으며 뭔가 중요한 것을 지닌 채 다시 돌아갈 존재처럼 보였을 것이다.

우리들 대부분은 가급적 오랫동안 물질 세계의 일부로 남기를 원하며, 물질적 삶 외에도 다른 삶이 있다고 믿기를 원한다. 다른 삶에 대한 믿음의 강도는 우리가 스스로 갖고 있다고 판단하는 지식에 따라 달라진다. 우리는 익숙한 주변 세상의 속성은 별로 의심하지 않는다. 그러나 현대 과학이 밝히고 있는 바, 사실 물리적 세계는 우리가 이해하려고 노력하면 할수록 점점 더 불가해하고 신비로운 것처럼 보인다. 대부분의 사람들은 자신이 생물학적 세계와 이어져 있다고 의식하고, 우리가 역사와 시간과 이어져 있다고도 의식한다. 그러나 물리학자 스티븐 W. 호킹이 『짧고 쉽게 쓴 시간의 역사』에서 설명했듯이, 1905년에 알베르트 아인슈타인이 절대 시간 개념에 도전한 이래 우리는 공간에 대해서 막연한 개념만을 갖게 되었다. 심지어 우리는 시간이 무엇인지도 정확히 모른다. 그것이 모든 공간에, 따라서 모든 물질에 영향을 미치는데도 말이다. 물리학자의 관점에서는 우주가 '굽어' 있다. 우주에는 시작도 끝도 없다. 그러므로 빅뱅 이전에 무엇이 있었느냐고 묻는 것은 무의미하다. 호킹이 말했듯이 그것은 "북극점보다 더 북쪽에 무엇이 있느냐고 묻는 것과 같다".

우리가 아는 변변찮은 지식에 따르면, 우리가 물리적 세계와 이어져 있다는 의식은 형이상학의 영역과도 이어져 있다. 그리고 현대 과학은 그런 신비로운 연결을 인정한다. 2011년 5월 4일자 《사이언스》에 에이드리언 조가 쓴 글에 따르면, 미국연방우주국(NASA)은 7억 6,000만 달러를 투입한 우주선 임무를 통해서 "중력은 질량이 시공간을 휠 때 발생한다"는 아인슈타인의 일반 상대성 이론을 입증했다. 무슨 말인지 알겠는가? 나는 대충 알 것 같다. 우리가 아는 우주는 시간의 함수이건만 우리는 시간도 질량도 우주도 혹은 중력도 이해하지 못한다는 말 아닌가. 그러나 그렇더라도 우리는 바로 그것으로 만들어졌고, 바로 그것의 일부이다. 자연은 그토록 깊은 차원에서는 정말로 불가해하다. 자연과 우리의 관계에는 눈에 보이는 것 이상의 무언가가 더 있다. 1,000억 개 뉴런을 지닌 인간의 뇌로도 영영 헤아리지 못할지 모르는 무언가가 더 있다. 나는 늘 쾌락과 만족을 추구하는 인간의 타고난 성향에 홀랑 넘어갈 마음일랑 없다. 그런 성향 탓에 우리는 기분 좋은 것이라면 뭐든 믿고, 나아가 그것을 '올바르다'고 믿는다. 그렇기는 해도, 세상에 우리에게 익숙한 차원 말고도 다른 차원이 있을 가능성, 내 물리적 존재 너머에서도 모종의 생명이 이어질 가능성을 아주 배제할 수는 없다. 그런 가능성이 사실이라면, 죽음은 끝이 아니라 뭔가 다른 것의 시작이 되는 기념할 만한 사건일 것이다. 설령 그렇지 않아도 좋다. 내가 잃은 것은 아무것도 없고 내가 받은 것은 많으니까.

시공간이 우주를 잇듯이, 현재 우리 몸을 구성하는 분자들이 과거에 우주에서 폭발했던 별들과 우리를 잇듯이, 우리는 우주와도 이어져 있다. 우리가 지구의 생물권과, 또한 서로와 이어져 있는 것처럼. 물리적으로 우리는 자전거의 바퀴살이나 자동차의 카뷰레터와 마찬가지다. 우리가 지구 생태계의 일부라는 이런 비유는 단순한 신념이 아니라 현실이다. 우리는 이 굉장한 체계에 포함된 작디작은 점이고, 무언가 거대한 것의 작은 일부이다. 생명이 지구에서 시작된 뒤 지금까지 '배운' 모든 것, DNA에 유전자로 암호화하여 태양이 꺼질 때까지 후대로 전수할 모든 것, 그것의 일부이다.

확연하게 드러나는 물리적-생물학적 연결성을 차치하더라도, 우리는 옛 생명들의 혼합물이다. 그야 모든 동물이 그렇겠지만, 인간에게는 이 사실이 유달리 유효한 듯하다. 왜냐하면 우리는 그 계승의 궤도를 부분적으로나마 의식적으로 조정할 수 있기 때문이다. 개인적 경험과 인지 과학 덕분에, 우리는 자신의 경험과 기억이 곧 자신이라는 사실을 안다. 우리는 경험들의 교향곡이다. 내 인생에서 중요한 전기나 방향 전환에는 거의 매번 뒤에서 거든 조언자가 있었다. 나를 염려한 사람, 내가 유대를 느낀 사람, 내 시야를 틔우거나 기상을 불어넣은 사람이 있었다.

내가 달리기 주자로 활약했던 첫해, 그러니까 메인의 굿윌 고등학교 2학년이었을 때 나는 잘해봐야 보통 수준이었다. 그러나 3학년이 된 나는 극적으로 달라졌다. 그해 첫 경기 상대는 우리보다 훨씬 큰 워터빌 고등학교 육상팀이었다. 더군다나 이전에 상대했던 2군이 아니라 1군이었다. 나는 경주에서 1등으로 들어왔다. 우리 팀은 상대를 완파했다. 바이널헤이븐 고등학교와 붙었던 두 번째 경기에서도 나는 전체 1등으로 들어왔고, 이번에도 우리가 압승했다. 이후 일곱 번의 경기에서 나는 매번 1등이었다. 어떻게 그랬을까? 1년 동안 내게 무슨 일이 있었을까? 나는 알 것 같다. 나는 예전의 베른트 하인리히가 아니었다. 육체마저 예전과는 달랐다. 내 몸에는 이제 '레프티' 굴드라는 남자의 기백이 담겨 있었다.

레프티는 소도시 힝클리의 단칸방 우체국을 지키는 우체국장이었다. 나는 하루에 두 번 가죽 행낭에 학교 우편물을 넣어서 우체국에 가져다줄 때 그를 만났다. 그가 내용물을 꺼내고 학교로 가는 우편물을 넣어주면, 나는 도로 행낭을 메고 학교로 가서 행정동에 가져다 놓았다. 레프티에게 나는 나쁜 아이가 아니었다. 내가 비록 그저 그런 선수였고, 기숙사 여사감을 비난했고, 급수탑에 빨간 페인트를 뿌렸고, 성적이 나빴고, 한 번 쫓겨나기까지 했지만. 레프티는 내편이었고, 내가 그냥 달리는 게 좋아서 달리기를 좋아한다는 것을 알았다. 그런데 그런 그 자신은 가까스로 걷는 정도였다. 내가 우체국에 가면, 그는 우편물을 주고받는 창구의 창틀에 기댄 채로 내가 무슨 중요한 사람이라도 되는 것처럼 대화를 나눠주었다. 구체적으로 말을 꺼내진 않았지만, 아무래도 그는 나를 푸대접받는 약자로 여겼던 것 같다. 레프티 자신처럼 말이다. 그는 예전에 자신이 웰터급 세계 챔피언을 노리는 권투 선수였다고 말했다. 나는 그 말이 진실임을 믿어 의심치 않았다. 그는 자신이 예전에 팔굽혀펴기를 1분에 몇 번 했는지, 매일 몇 마일을 달렸는지 말해주었다. 그러던 중 운명이 끼어들었다. 그는 육군 제82 공수사단에 소속되어 유럽과 북아프리카에서 싸우다가 다리 하나를 거의 날려 먹었다. 철심을 박고서라도 가까스로 다시 걸을 수 있도록 몸이 보존된 것만 해도 기적이었다(포로가 된 그를 독일 의사가 수술해준 것이었다). 전쟁에서 겪었던 일을 이야기할 때면 그의 이마에서 땀방울이 흘렀다. 나는 그가 그런 얘기를 내게 털어놓는다는 사실이 믿기지 않았다! 레프티에게 내 능력을 보이기 위해서, 나는 더 열심히, 더 빨리, 더 오래 달리기 시작했다. 아파도 참았다. 레프티는 자신이 죽은 뒤에도 영혼의 일부가 살아남으리라는 사실을 몰랐을 것이다. 그런 생각은 해보지도 않았을 것이다. 그러나 실제로 그렇다. 그의 믿음과 조언은 그가 내게 남긴 유산이다. 내가 제패한 모든 경주와 내가 세운 모든 기록은 바로 그때, 고등학교 마지막 학년에서 비롯했다. 우리 둘의 유대를 통해서 그는 내게 무심결에 날개를 달아주었고, 방향을 가리켜주었다. 그 덕분에 나는 대학에도 진학했고, 나중에는 더 넓은 세상으로 나왔다.

우리는 남들과의 관계를 통해서 유산을 남긴다. 주로 부모를 통해서, 그리고 어떤 방식으로든 가까워진 사람들을 통해서. 우리는 많은

제5부. 변화

것을 받게 되지만, 스스로 적극적으로 받으려고 나서는 것도 중요하다. 아버지는 자신이 평생 수집한 맵시벌 컬렉션을 내가 이어가기를 바랐다. 그러나 내게는 그 일이 아버지의 연장으로 보였을 뿐, 나 스스로 진정한 흥미가 있는 것 같진 않았다. 그럼에도 불구하고 아버지는 내 안에 남아 있다. 아버지는 내게 자연에 대한 남성적이고도 격렬한 사랑을 물려주었다. 그 사랑은 지금 이 순간에도 이 글에서 표현되고 있으며, 이전의 모든 작업에서도 중요한 요인이었다. 이 유산은 내가 아버지와 함께 숲과 들판을 무수히 탐사하면서 아버지의 벌을 수집하고, 아버지의 이야기를 듣고, 머나먼 이국 땅에서 희귀한 새를 쫓고, 아프리카 초원과 밀림을 1년 동안 함께 여행했던 시간의 결과물이다. 나는 결국 맵시벌 분류학자가 되지 않음으로써 아버지를 실망시켰다. 그러나 의도했든 안 했든 아버지가 주신 것을 내가 받아들인 것만은 분명하다.

생각하면 할수록 내게는 이 사실이 자명하게 느껴진다. 우리는 유전자의 산물만이 아니다. 우리는 또한 사상의 산물이다. 내 몸, 내 적혈구의 산소 운반 능력, 내 뇌의 물리적 회로, 나를 움직이는 화학물질은 남들의 사상에 의해서 결정된다고까지는 말할 수 없어도 부분적으로나마 그로부터 형성되는 게 분명하다. 사상이 미치는 장기적 영향은 지진, 가뭄, 비, 햇빛 같은 자연의 장난들이 미치는 영향보다 더하다고는 할 수 없어도 뒤지진 않는다.

봄이면 나는 간밤에 쌓인 눈이 낮의 햇빛에 녹아서 웨이퍼처럼 바삭해진 것을 밟으면서 걷는다. 큰까마귀가 키 큰 소나무로 날아든다.

큰까마귀는 갓 꺾은 포플러 가지로 둥지를 틀고, 사슴 털로 안을 두른 뒤, 녹청색 알을 낳는다. 눈이 녹으면, 꽃들이 일제히 피었다가—보라색이나 흰색 연령초, 하늘색 노루귀, 노랗거나 푸르거나 흰 제비꽃, 눈처럼 새하얀 기생초—마찬가지로 금방 진다. 동틀녘에는 가마새가 울고, 저물녘에는 갈색지빠귀가 우짖고, 공터 위 하늘에서는 멧도요가 춤추고, 깊은 숲 속에서는 아메리카올빼미가 광적인 목소리로 나팔을 분다. 여름에는 호랑나비가 숲을 팔랑팔랑 누비고, 보송보송한 호박벌이 들판에 핀 노란 미역취를 찾아온다. 가을이면 나는 붉은 신들의 부름에 이끌려 발정 난 흰꼬리사슴을 사냥하러 간다('붉은 신들'은 영국 작가 러디어드 키플링의 시 「청년들의 발」에서 청년들을 자연으로 이끄는 목소리로 등장한다 - 옮긴이). 그리고 눈송이가 나풀나풀 떨어져 세상이 고요해질 날을 고대한다. 눈은 온 숲을 하얗게 덮어 봉함으로써 또 한 해를 준비하게 하고, 작은 땃쥐와 건장한 무스의 발자국이 그려지는 팔레트가 된다. 진홍색과 샛노란색 왕관을 쓴 작은 상모솔새가 딱새와 까불고, 아메리카나무발발이와 박새가 붉은 가문비나무 사이를 가볍게 난다. 바람이 나무들을 채찍질하여 앞이 안 보이는 눈보라가 윙윙 몰아칠 때, 새들은 숲 속에서 몸을 피한다. 그곳에는 모든 것이 있다. 생명이 있다. 나는 그것을 경험하고, 기억하고, 일부가 된다. 자연과 언쟁할 순 없다. 자연은 생활의, 또한 살아 있는 모든 생명의 일차적인 맥락이므로.

친구의 편지에 적당한 답장을 쓰기는 쉽지 않았다. 사람 시체를 먼

곳으로부터 받아들여 겨울 숲에 끌어다 놓고는 큰까마귀더러 먹으라고 발가벗겨 방치할 순 없다. 큰까마귀가 몇 주나 나타나지 않을 수도 있다. 매장에 관한 법이 있고 이런 행동은 불법일 테니, 나는 양심에 걸릴 것 없이 떳떳하게 친구의 요청을 거절할 수 있다. 그래도 친구의 말에 일리가 있는 건 사실이었다. 끝을 축성하는 게 아니라 새로운 시작을 축복하는 기회로서 죽음보다 나은 순간이 또 있겠는가? 우리가 알고 보고 느끼는 세상을 의례를 통해 확인하는 기회로서 죽음보다 나은 순간이 또 있겠는가? 친구에게 어떤 해결책을 줘야 할지 알 수 없었다. 어떻게 하나 하는 고민이 머릿속을 떠나지 않았다.

현대의 상업적 매장은 보통 이렇게 진행된다. 우선 발가벗긴 시신을 스틸 탁자에 눕힌다. 방부 처리사가 시신에서 피를 뽑아내고, 부패를 막기 위해서 아주 독한 화학물질을—포름알데히드를—주입한다. 처리한 시신을 금속 관에 넣은 뒤 포름알데히드가 새어나오지 않도록 꽁꽁 봉한다. 시신이 마치 매립지에 묻을 유해 쓰레기라도 되는 것처럼. 그러고는 '그것'을 무수히 많은 다른 관에 합류시킨다. 그리하여 우리는 매년 더 많은 공간을 소비한다. 그곳에는 꽃 피는 식물이 거의 없고, 그 대신 짧게 깎은 단일 품종 잔디가 깔려 있으며, 이따금 온실에서 키운 절화가 놓인다. 미국만 따져도 현재 운영되는 묘지 2만 2,500곳에서 이뤄지는 매장이 매년 경재(硬材) 3,000만 보드풋, 강철 10만 톤 이상, 강화 콘크리트 1,600톤, 방부액 100만 갤론 가까이를 소비한다.

화장은 과거에는 훌륭한 장례 방법이었다. 숲에서 땔감을 쉽게 구할 수 있었던 시절, 한밤중에 숲 언저리나 숲 속에서 극적인 의식이 거행되는 모습을 상상해보라. 망자의 재는 항아리에 모아서 묻었다. 그러나 현대의 화장은 의식이 아니다. 모두의 서식지인 지구 생물권을 존중하는 방식도 아니다. 그보다는 소각에 가깝다. 시신을 불에 태워 날리면, 일일이 열거할 수 없을 만큼 다양한 유독 화학물질이 발생한다. 현대의 산업으로서 화장업은 전 세계 다이옥신과 푸란 배출량의 0.2퍼센트를 차지하고, 유럽에서는 대기 중 수은 공급원으로서 둘째가는 양을 배출한다. 매년 북아메리카에서 발생하는 시신을 화장하는 데 필요한 화석 연료는 자동차로 달을 80번 왕복할 수 있는 양에 맞먹는다. 화장은 엄청나게 값비싼 처분 방법이다. 요즘은 갈수록 많은 사람이 좀 더 사적이고, 자연적이고, 비싸지 않은 '수목장'을 인식하고 시행하는 추세이다. (수목장에 관심이 있다면, 인터넷에서 최신 정보를 쉽게 구할 수 있다.)

우리는 인간도 동물이고, 생명 순환의 일부이고, 먹이 사슬의 일부라는 사실을 부정한다. 우리 역시 만찬의 일부라는 사실을 부정하고, 그런 과정으로부터 멀찌감치 떨어지려고 한다. 막상 우리는 수십억 마리의 동물을 죽이고 그 밖에도 더 많은 생명이 의지할 수 있는 자원을 영구적으로 제거하면서, 우리가 죽은 뒤에 다른 동물이 우리를 먹는 것은 절대 허락하지 않는다. 벌레들에게도 허락하지 않는다. 우리에게는 인간을 자연과 다른 생명들과 이어주는 새로운 창조 설화가 필요하다. 우리에게 힘을 주는 이야기, 풍요를 안기기보다 현실을 일깨우는 이야기. 자연과 종교와 과학은 우리가 서로 친족이라는 현

제5부. 변화

실, 나아가 산과 초원과 바다와 숲과도 친족이라는 현실에 대해서 모두 같은 말을 한다. 내가 제안하는 믿음은 사실에 기반한 믿음이다. 누구나 동의할 수 있는 사실, 개인의 죽음을 초월하는 사실에 기반한 믿음이다.

나는 어떻게 묻히고 싶은가? 한 시간 뒤의 일도 계획하기 어려운 판국에 몇 십 년 뒤를 계획한다는 건 무리다. 그리고 가끔은 원하는 것보다 원하지 않는 것을 더 잘 알 때가 있다. 나는 포름알데히드는 거부하겠다. 그것은 살생제이니까. 죽이는 물질이니까. 지금 내가 살아 있을 때만큼이나 그때도 나를 아프게 할 것이다. 하지만 내 몸의 어느 부분이든 그것이 필요한 다른 남자, 여자, 아이, 아니면 래브라도 개에게 주어서 계속 살게 하는 것은 좋겠다. 사람 중에 받을 이가 없다면, 내 심장을 큰까마귀에게 주어도 좋을 것이다. 녀석들도 내게 많은 것을 주었으니까. 맥주 몇 잔, 밴조, 어쩌면 기타 한둘을 더해서 숲 속에서 소박하게 의식을 치르는 건 멋질 것 같다. 떠나는 내 곁에는 반쯤 빈 스카치 위스키 병을 놓아주면 좋겠고, 사람들이 '메인 스타인 송'을 불러주면 좋겠고('메인 스타인 송'은 메인 대학의 유명 응원가이고, '스타인'은 맥주 조끼를 가리킨다 - 옮긴이), 내가 레프티에게 받았던 멋진 선물에 감사하는 마음을 나 대신 누군가가 표현해주었으면 좋겠다. 고등학교 때 신었던 너덜너덜한 운동화를 지금까지 간직한 건 그것이 내가 차마 가능하다고 생각지 못했던 곳까지 나를 데려다 준 존재였기 때문인데, 그걸 소나무 상자에 넣어서 나무 밑에 묻는다면 이번에도 아마 나를 잘 데려다줄 것이다.

　이 책을 쓰는 동안, 내 기원과 운명에 대해서 자꾸 생각하지 않을 수 없었다. 예전에는 내가 나보다 더 큰 무엇에게 소속되기를 꿈꿨을 때 그 가장 큰 대상은 하나의 생태계였다. 그러나 이제 우리는 현대 기술을 통해서 짜릿한 의식의 확장을 겪었기 때문에, 지구 생물권 전체가 우리가 보고 느끼는 범위에 들어오게 되었다. 이제는 각자의 주변 세계를 넘어서 온 세상이 우리 공통의 현실이다. 자연은 현실의 궁극적 기준이고, 지금까지 밝혀진 바를 보건대, 온 세상이 하나의 생물체나 마찬가지다. 그 속의 어느 부분도 정말로 분리된 것은 없다. 우리가 아는 한 우주에서 가장 장엄하고, 크고, 현실적이고, 아름다운 것, 곧 우리 자연의 생명과 내가 이어져 있기를 바란다. 지상 최대의 쇼가 벌이는 파티에 나도 끼기를 바란다. 영원히 지속되는 생명에.

책을 쓰는 것은 미지의 세계로 떠나는 모험이다. 출발은 익숙한 곳에서 한다. 지금까지 했던 일과 경험, 그리고 과거와 현재의 수많은 생명에게서 받은 영향이 쌓인 곳에서. 그 모든 대상들에게 공식적으로 감사를 표한다는 건 애초에 가망 없는 일이다. 나를 변화시킨 사람, 특히 새로운 통찰과 정보를 제공했던 사람을 자칫 빼먹거나 제대로 감사를 표하지 못할지도 모른다는 걱정이 한시도 끊이지 않는다. 내가 바랄 수 있는 최선은 최근에 대화를 나눴던 사람들만이라도 기억해내는 것이다. 그중에서 스티븐 T. 트럼보, 데릭 S. 사이크스, 존 C. 애벗, 앨프리드 뉴턴에게 고맙다. 이들은 송장벌레에 관한 많은 질문에 친절하게 답해주었다. 바버라 손, 루돌프 셰프란, 앨리슨 브로디는 흰개미에 관한 질문에 답해주었다. 베스 로젠버그와 톰 그리핀은 연어를 포함시킬 것을 제안했고, 고맙게도 나를 알래스카로 초대하여 제일 좋은 자리에서 연어를 관찰할 기회를 주었다. 고대 청소동물에 대해서 새로운 방향으로 생각하도록 이끌어준 바즈 에드메아데스에게도 고맙다. 레이철 스몰커는 산업적 벌목의 맥락에서 바라본 나무의 재활용 문제에서 같은 역할을 했다. 리처드 에스테스는 아프리카 야생동물에 관한 견해를 제공했다. 윌리엄 조던과 재니스 케이힐은 유용한 인용구와 조언을 제공했다. 집필 과정 내내 관심과 격려를 보내준 샌드라 데이크스트라와 엘리스 카프롱, 꼼꼼하고 예리하게 세부적인 측면에 신경 씀으로써 작업을 수월하게 만들어준 페그 앤더슨에게도 고맙다. 맨 마지막으로 언급하지만 제일 중요한 사람은 디앤 어미다. 이 글을 처음 보았으며 현명한 충고와 함께 끝까지 지켜봐 준 그녀에게 진심 어린 감사를 전한다.

생명에서 생명으로

베른트 하인리히는 어느 날 친구로부터 당황스러운 부탁을 받는다. 자신이 죽음을 대비해야 하는 병에 걸렸는데, 하인리히가 소유한 메인 숲 속 공터에서 자신의 시체를 큰까마귀들에게 내줄 수 있겠느냐는 요청이다. 친구는 매장도 화장도 싫다고 했다. 조장(鳥葬) 혹은 풍장(風葬)을 바란다고 했다. 하인리히는 친구의 바람에 공감한다. 언제 썩을지 모르는 금속 관에 방부 처리한 시신을 담아 아까운 땅에 묻는 매장도, 화석 연료를 지나치게 많이 소비하는 화장도 썩 바람직해 보이지 않는다. 그렇다고 해서 현대에 정말 그 밖의 장례가 가능할까? 애초에 인간에게 자연스러운 장례란 무엇일까? 더 나아가 자연에서 자연스러운 장례란 무엇일까? 동물들은 어떻게 죽고 어떻게 사라질까?

야생동물을 연구하는 생물학자로 살면서 스무 권 가까운 책으로 우리 시대 가장 사랑받는 자연 작가가 된 하인리히는 그 일을 계기로 비로소 자연의 죽음에 관한 책을 쓰게 되었다. 그리고 그동안 까마귀, 거위, 올빼미 등 개별 종의 생활사를 연구한 관찰 일지에 자신이 겪은 에피소드들을 결합하여 과학적이고도 사색적인 자연 에세이를 써온 사람답게, 이 책에서도 사변이나 자료 조사에 그치지 않았다. 여기 실린 11편의 글은 모두 그가 몸소 관찰하고 실험하여 자유롭게 쓰고 그린 작은 논문들이라고 할 수 있다.

그의 시선이 주로 머무는 대상은 이른바 청소동물이다. 생쥐처럼 작은 동물의 송장을 땅에 묻는 송장벌레부터 시체를 먹는 구더기, 딱정벌레, 큰까마귀, 독수리, 곰…… 그는 이런 자연의 장의사들이 펼치는 활동에 새삼 주목한다. 이들이 대단히 효율적으로 빠르게 자연의 장례를 치러낸다는 사실에 놀라고, 이들끼리도 시체를 둘러싸고 경쟁과 협동이 벌어진다는 사실에 흥미로워한다.

하인리히의 시선은 수중 생태계로도 향한다. 그는 강을 거슬러 올라와 죽는 연어들과 바다 깊숙이 가라앉아 죽는 고래들이 세상에서 어떻게 사라지는지를 살펴본다. 동물계만 장의사가 필요한 것도 아니다. 식물계에서도 죽은 개체가 얼마나 잘 분해되느냐에 그 숲 생태계의 건강이 달려 있다. 이 세상에서는 곤충, 균류(버섯), 딱따구리 등이 장의사로 기능한다.

자연의 여러 죽음의 면면을 촬영한 11편의 스냅 사진이라 부를 만한 이 글들에서 하인리히가 무엇보다 강조하는 것은 이런 장의사들의 소중함이다. 그는 청소동물이나 분해자라는 말보다 재활용 전문

가라는 표현을 선호한다. 이런 동물들은 시체를 식량으로 삼고 새끼들에게도 먹임으로써 죽은 생명을 산 생명으로 재생시키는 셈이기 때문이다. 우리 인간들은 큰까마귀, 독수리, 하이에나처럼 시체를 주로 먹는 동물들을 불길하게 여겨 꺼리지만, 이들이 없다면 생태계가 거대한 쓰레기통이 되어버린다는 것은 누구나 아는 사실이다. 더군다나 청소동물은 포식자와 선명하게 구분되지도 않는다. 사냥으로 먹고사는 포식 동물도 갓 죽은 시체라면 대개 꺼리지 않는다. 하인리히는 인간도 때에 따라 청소동물이 된다고 말한다. 바로 자신이 전쟁 중에 숲에서 그렇게 살았노라고.

우리는 이 장의사들에 대해서 모르는 바가 아직 너무 많다. 그 점은 고래의 죽음을 다룬 '다른 세상들' 장에 특히 잘 드러나 있다. 하인리히는 얼어붙을 듯 차갑고 컴컴해서 별다른 동식물이 살 수 없는 바다 바닥에서 고래의 시체가 어떻게 분해되는지 알려준다. '고래 낙하'라고 불리는 그 과정에 대한 연구는 아주 최근에서야 시작되었다. 상식적으로 생각해보면 당연히 에오세부터 바다를 누볐던 그 많은 고래들이 다들 어떻게든 처리되었으니 오늘날의 바다가 고래 시체로 넘실대지 않는 것이겠지만, 최근까지만 해도 우리는 그에 대해서 생각도 해보지 않았고 조사도 할 수 없었다. 하인리히의 섬세한 묘사 덕분에 눈앞에서 심해 장의사들의 활동이 펼쳐지는 듯한 이 장은 책을 통틀어 가장 아름답고 더없이 인상적인 대목이다.

하인리히가 수집한 에피소드들은 죽음 후 벌어지는 일들이 얼마나 중요한지를 알려준다. 결국 생명은 다른 생명을 재활용함으로써 존재한다. 죽음은 생명이 변형되고 재생되는 과정이라는 하인리히의 말은 결코 문학적 표현에 불과한 것이 아니다. 종교적, 철학적 비유도 아니다. 자연에 이보다 더 엄연한 현실은 없다. 생명은 생명에서 오고 생명으로 이어진다. 모든 생물 개체는 그 연쇄에서 하나의 사슬이 될 때 가장 충만한 삶을 누렸다고 할 수 있을 것이다. 여기에는 인간도 예외가 아니다. 우리도 결국은 생물이므로.

그렇다고 해서 우리가 당장 좀 더 '자연에 도움이 되는' 장례 방식을 발명하기는 어려울 것이다. 하인리히도 친구의 요청을 거절할 수밖에 없었다. 숲에 사람의 해골이 나뒹굴게 둘 수야 없지 않겠는가? 그래도 이 책을 읽은 독자는 분명 죽음 이후 벌어지는 일들에 대한 시선이 영영 바뀔 것이다. 나로 말하자면, 내 육신이 살아 있을 때로도 모자라 죽을 때마저 자연을 더럽히거나 자원을 낭비하지 않기를 바라게 되었다. 내 육체의 일부가 다른 사람들에게 이식되어 쓰일 수 있다면 좋겠지만, 그게 어렵다면 대신 가급적 제일 빨리 분해되는 방법이면 좋겠다. 하인리히의 친구가 바랐던 것처럼 유기물로서 다른 생명에게 곧장 생명을 줄 순 없겠지만, 최소한 그 생명의 순환을 훼방하진 않는 방법이었으면 좋겠다. 이런 생각이 전혀 기괴하지 않으며 인간의 문명과 문화를 거스른다고 볼 필요도 없다는 사실을, 이 책은 전혀 강요하지 않으면서도 크나큰 설득력으로 보여준다.

2015년 11월
옮긴이 김명남

생명에서 생명으로

더 읽을거리

아래의 소제목들은 저자가 임의로 붙였다. 일차 연구 자료를 포함하지 않은 부분은 특히 그렇다. 유효한 참고 문헌을 전부 제공하려다가는 수천 편을 나열해야 할 테니, 그러진 않았다. 대신에 유용했고 흥미로웠던 자료를 몇 가지씩만 소개하여 이런 주제에 대한 전반적인 안내가 되도록 했다.

1장. 생쥐를 묻는 송장벌레

송장벌레에 대한 일반적인 생물학 자료

Fetherston, I. A., M. P. Scott, and J.F.A. Traniello. Parental care in burying beetles: the organization of male and female brood-care behavior. *Ethology* 85 (1990): 177-190.

Majka, C. G. The Silphidae (Coleoptera) of the Maritime Provinces of Canada. *Journal of the Acadian Entomological Society* 7 (2011): 82-101.

Milne, L. J., and M. J. Milne. Notes on the behavior of burying beetles (*Nicrophorus* spp.). *Journal of the New York Entomological Society* 52 (1944): 311-327.

_____. The social behavior of burying beetles. *Scientific American* 235 (1976): 84-89.

Scott, M. P. Competition with flies promotes communal breeding in the burying beetle, *Nicrophorus tomentosus. Behavioral Ecology and Sociobiology* 34, no. 5 (1994): 367-373.

_____. Reproductive dominance and differential avicide in the communally breeding burying beetle, *Nicrophorus tomentosus. Behavioral Ecology and Sociobiology* 40, no. 5 (1997): 313-320.

_____. The ecology and behavior of burying beetles. *Annual Review of Entomology* 43 (1998): 595-618.

Sikes, D. S., S. T. Trumbo, and S. B. Peck. Silphidae: large carrion and burying beetles. Tree of Life Web Project, http://tolweb.org (2005).

Trumbo, S. T. Regulation of brood size in a burying beetle, Nicrophorus tomentosus (Silphidae). *Journal of Insect Behavior* 3 (1990): 491-500.

_____. Reproductive benefits and duration of parental care in a biparental burying beetle, *Nicrophorus orbicollis. Behaviour* 117 (1991): 82-105.

곤충의 비행 역학과 딱정벌레의 비행

Dudley, R. *The Biomechanics of Insect Flight.* Princeton, N.J.: Princeton University Press, 2000.

Schneider, P. Die Flugtypen der Käfer (Coleoptera). *Entomologica Germanica* 1, nos. 3/4 (1975): 222-231.

색깔과 의태

Anderson, T., and A. J. Richards. An electron microscope study of the structural colors of insects. *Journal of Applied Physiology* 13 (1942): 748-758.

Bagnara, J. *Chromatophores and Color Change.* Upper Saddle River, N.J.: Prentice-Hall, 1973.

Brower, L. P., J.V.Z. Brower, and P. W. Wescott. Experimental studies of mimicry, V: The reactions of toads (*Bufo terrestris*) to bumblebees (*Bombus americanum*) and their robberfly mimics (*Mallophora bomboides*) with a discussion of aggressive mimicry. *American Naturalist* 94 (1960): 343-355.

Cott, E. *Adaptive Colouration in Animals.* London: Methuen, 1940.

Evans, D. L., and G. P. Waldbauer. Behavior of adult and naïve birds when presented with a bumblebee and its mimics. *Zeitschrift für Tierpsychologie* 59 (1982): 247-259.

Fisher, R. M., and R. D. Tuckerman. Mimicry of bumble bees and cuckoo bees by carrion beetles (Coleoptera: Silphidae). *Journal of the Kansas Entomological Society* 59 (1986): 20-25.

Heinrich, B. A novel instant color change in a beetle, *Microphorus tomentosus* Weber (Coleoptera: Silphidae). *Northeastern Naturalist* (in press).

Hinton, H. E., and G. M. Jarman. Physiological color change in the Hercules beetle. *Nature* 238 (1972): 160-161.

Lane, C., and M. A. Rothschild. A case of Muellerian mimicry of sound. *Proceedings of the Royal Entomological Society London A* 40 (1965): 156-158.

Prum, R. O., T. Quinn, and R. H. Torres. Anatomically diverse butterfly scales all produce structural colors by coherent scattering. *Journal of Experimental Biology* 209 (2006): 748–765.

Ruxton, G. D., T. N. Sherrett, and M. P. Speed. *Avoiding Attack: The Evolutionary Ecology of Crypsis, Warning Signals, and Mimicry.* New York: Oxford University Press, 2005.

Wickler, W. *Mimicry in Plants and Animals.* New York: McGraw-Hill, 1968.

호박벌의 색깔 패턴

Heinrich, B. *Bumblebee Economics.* Cambridge: Harvard University Press, 1979; rev. ed., 2004.

Marshall, S. A. *Insects: Their Natural History and Diversity.* Buffalo, N.Y.: Firefly Books, 2006. 곤충 전반에 대해서는 특히 이 책을 추천한다.

Plowright, R. C., and R. E. Owen. The evolutionary significance of bumblebee color patterns: a mimetic interpretation. *Evolution* 34 (1980): 622–637.

2장. 사슴의 장례

법곤충학

Byrd, J. H., and J. L. Castner. *Forensic Entomology: The Utility of Arthropods in Legal Investigation.* Boca Raton, Fla.: CRC Press, 2001.

Dekeirsschieter, J., et al. Carrion beetles visiting pig carcasses during early spring in urban, forest and agricultural biotopes of Western Europe. *Journal of Insect Science* 11, no. 73 (2011).

3장. 궁극의 재활용가: 세상을 다시 만들다

아프리카

Akeley, Carl. *In Brightest Africa.* Garden City, N.Y.: Doubleday, Page, 1923.

Huxley, Elspeth. *The Mottled Lizard.* London: Chatto & Windus, 1982.

van der Post, Laurens. *The Lost World of the Kalahari*. Middlesex, England: Penguin, 1958.

Roosevelt, Theodore. *African Game Trails*. New York: Charles Scribner's Sons, 1910.

Thomas, Elizabeth Marshall. *The Old Way: A Story of the First People*. New York: Picador, 2006. (『슬픈 칼라하리』, 엘리자베스 마셜 토머스 지음, 이언경 옮김, 홍익출판사 펴냄)

코끼리

Joubert, Derek, and Beverly Joubert. *Elephants of Savuti*. National Geographic film.

Leuthold, W. Recovery of woody vegetation in Tsavo National Park, Kenya, 1970-1994. *African Journal of Ecology* 34, no. 2 (2008): 101-112.

Power, R. J., and R.X.S. Camion. Lion predation on elephants in the Savuti, Chobe National Park, Botswana. *African Zoology* 44 (2009): 36-44.

사냥

Digby, Bassett. *The Mammoth and Mammoth Hunting in Northeast Siberia*. New York: Appleton, 1926.

Heinrich, B. *Why We Run: A Natural History*. New York: HarperCollins, 2001. (『우리는 왜 달리는가』, 베른트 하인리히 지음, 정병선 옮김, 이끼북스 펴냄)

Jablonski, N. G. The naked truth. *Scientific American*, Feb. 2010: 42-49.

Lieberman, Daniel E., and Dennis M. Bramble. The evolution of marathon running: capabilities in humans. *Sports Medicine* 37 (2007): 288-290.

Peterson, Roger T., and James Fisher. *Wild America*. Boston: Houghton Mifflin, 1955.

Potts, Richard. *Early Hominid Activities at Olduvai*. New Brunswick, N.J.: Transaction Publishers, 1988.

Stanford, Craig B. *The Hunting Apes: Meat Eating and the Origins of Human Behavior*. Princeton, N.J.: Princeton University Press, 1999.

포식

Darwin, Charles. "Diary of the Voyage of the H.M.S. Beagle." In *The Life and Letters of Charles Darwin*, ed. Francis Darwin. London: D. Appleton, 1987.

Schaller, George B. *Serengeti Lion: A Study of Predator-Prey Relations*. Chicago: University of Chicago Press, 1972.

Schaller, George G. and Gordon R. Lowther. The relevance of carnivore behavior to the study of early hominids. *Southwestern Journal of Anthropology* 25 (1969): 307–41.

Schüle, Wilhelm. Mammals, vegetation and the initial human settlement of the Mediterranean islands: a palaeological approach. *Journal of Biogeography* 20 (1993): 399–412.

Stolzenberg, William. *Where the Wild Things Were: Life, Death, and Ecological Wreckage in a Land of Vanishing Predators.* New York: Bloomsbury, 2008.

Strum, Shirley C. Processes and products of change: baboon predatory behavior at Gilgil, Kenya. In *Omnivorous Primates*, ed. R. S. O. Harding and G. Teleki. New York: Columbia University Press, 1981.

무기

Guthrie, R. Dale. *The Nature of Paleolithic Art.* Chicago: University of Chicago Press, 2005.

Lepre, C. J., et al. An earlier origin for the Acheulian. *Nature* 477 (2011): 82–85.

Thieme, Hartmund. Lower Paleolithic hunting spears in Germany. *Nature* 385 (1997): 807–810.

대량 살상 가설

Edmeades, Baz. *Megafauna—First Victims of the Human-Caused Extinctions* (www.megafauna. com, 2011). 코끼리 사냥을 비롯하여 인간의 전반적인 청소 및 사냥 행위에 대한 논의 는 13장을 보라.

Fiedel, Stuart, and Gary Haynes. A premature burial: comments on Grayson and Meltzer's "Requiem for overkill." *Journal of Archaeological Science* 31 (2004): 121–131.

Martin, P. S. Prehistoric overkill. In *Pleistocene Extinctions: The Search for a Cause*, ed. P. S. Martin and H. E. Wright. New Haven: Yale University Press, 1967.

_____. Prehistoric overkill: a global model. *In Quaternary Extinctions: A Prehistoric Revolution*, ed. P. S. Martin and R. G. Klein. Tucson: University of Arizona Press, 1989, pp. 354–404.

Surovell, T. A., N. M. Waguespack, and P. J. Brantingham. Global evidence for proboscidean overkill. *Proceedings of the National Academy of Sciences* 102 (2005): 6231–6336.

4장. 북방의 겨울: 새들의 세상

큰까마귀에 대한 일반적인 자료

Boarman, B., and B. Heinrich. Common raven (*Corvus corax*). In *Birds of North America*, no. 476, ed. A. Poole and F. Gill, pp. 1–32. Philadelphia: Academy of Natural Sciences, 1999.

Heinrich, B. Sociobiology of ravens: conflict and cooperation. *Sitzungberichte der Gesellshaft Naturforschender Freunde zu Berlin* 37 (1999): 13–22.

_____. Conflict, cooperation and cognition in the common raven. *Advances in the Study of Behavior* 42 (2011).

큰까마귀의 사체 먹기

Heinrich, B. Dominance and weight-changes in the common raven, *Corvus corax*. *Animal Behaviour* 48 (1994): 1463–1465.

_____. Winter foraging at carcasses by three sympatric corvids, with emphasis on recruitment by the raven, *Corvus corax*. *Behavioral Ecology and Sociobiology* 23 (1988): 141–156.

Heinrich, B., et al. Dispersal and association among a "flock" of common ravens, *Corvus corax*. *The Condor* 96 (1994): 545–551.

Heinrich, B., J. Marzluff, and W. Adams. Fear and food recognition in naive common ravens. *The Auk* 112, no. 2 (1996): 499–503.

Heinrich, B., and J. Pepper. Influence of competitions on caching behavior in the common raven, *Corvus corax*. *Animal Behaviour* 56 (1998): 1083–1090.

Marzluff, J. M., and B. Heinrich. Foraging by common ravens in the presence and absence of territory holders: an experimental analysis of social foraging. *Animal Behaviour* 42 (1991): 755–770.

Marzluff, J. M., B. Heinrich, and C. S. Marzluff. Roosts are mobile information centers. *Animal Behaviour* 51 (1996): 89–103.

큰까마귀의 지능, 인지, 소통

Bugnyar, T., and B. Heinrich. Hiding in food-caching ravens, *Corvus corax*. *Review of Ethology*, Suppl. 5 (2003): 57.

_____. Food-storing ravens, *Corvus corax*, differentiate between knowledgeable and ignorant competitors. *Proceedings of the Royal Society London B* 272 (2005): 1641-1646.

_____. Pilfering ravens, *Corvus corax*, adjust their behaviour to social context and identity of competitors. *Animal Cognition* 9 (2006): 369-376.

Bugnyar, T., M. Stoewe, and B. Heinrich. Ravens, *Corvus corax*, follow gaze direction of humans around obstacles. *Proceedings of the Royal Society London B* 271 (2004): 1331-1336.

_____. The ontogeny of caching behaviour in ravnes, *Corvus corax*. *Animal Behaviour* 74 (2007): 757-767.

Heinrich, B. Does the early bird get (and show) the meat? *The Auk* 111 (1994): 764-769.

_____. Neophilia and exploration in juvenile common ravens, *Corvus corax*. *Animal Behaviour* 50 (1995): 695-704.

_____. An experimental investigation of insight in common ravens, *Corvus corax*. *The Auk* 112 (1995): 994-1003.

_____. Planning to facilitate caching: possible suet cutting by a common raven. *Wilson Bulletin* 111 (1999): 276-278.

Heinrich, B., and T. Bugnyar. Testing problem solving in ravens: string-pulling to reach food. *Ethology* 111 (2005): 962-976.

_____. Just how smart are ravens? *Scientific American* 296, no. 4 (2007): 64-71.

Heinrich, B., and J. M. Marzluff. Do common ravens yell because they want to attract others? *Behavioral Ecology and Sociobiology* 28 (1991): 13-21.

Heinrich, B., J. M. Marzluff, and C. S. Marzluff. Ravens are attracted to the appeasement calls of discoverers when they are attacked at defended food. *The Auk* 110 (1993): 247-254.

Parker, P. G., et al. Do common ravens share food bonanzas with kin? DNA fingerprinting evidence. *Animal Behaviour* 48 (1994): 1085-1093.

큰까마귀와 늑대

Stahler, D. R., B. Heinrich, and D. W. Smith. The raven's behavioral association with wolves. *Animal Behaviour* 64 (2002): 283-290.

5장. 독수리 떼

Wilbur, S. R., and J. A. Jackson, eds. *Vulture Biology and Management*. Berkeley: University of California Press, 1983. 마흔 명이 집필에 참여한 이 책은 콘도르에 관한 결정판으로 "오늘날 이 새에 대해 알려진 모든 내용을 담고 있다"고 평가된다.

환경과 독수리가 섭취하는 독성 물질

Albert, C. A., et al. Anticoagulant rodenticides in three owl species from Western Canada. *Archives of Environmental Contamination and Toxicology* 58 (2010): 451-459.

Layton, L. Use of potentially harmful chemicals kept secret under law. *Washington Post*, Jan. 4, 2010.

Magdoff, F., and J. B. Foster. What every environmentalist needs to know about capitalism. *Monthly Review* 61, no. 10 (2010): 11-30.

Peterson, Roger T., and James Fisher. *Wild America*. Boston: Houghton Mifflin, 1955, p. 301.

독수리 떼

Houston, D. C. Competition for food between Neotropical vultures in forest. *Ibis* 130, no. 3 (1988): 402-414.

Kruuk, H. J. Competition for food between vultures in East Africa. *Ardea* 55 (1967): 171-193.

Lemon, W. C. Foraging behavior of a guild of Neotropical vultures. *Wilson Bulletin* 103, no. 4 (1991): 698-702.

Wallace, M. P., and S. A. Temple. Competitive interactions within and between species in a guild of avian scavengers. *The Auk* 104 (1987): 290-295.

독수리 개체수 감소

Gilbert, M. G., et al. Vulture restaurants and their role in reducing Diclofenac exposure in Asian vultures. *Bird Conservation International* 17 (2007): 63-77.

Green, R. E., et al. Diclofenac poisoning as a cause of vulture population declines across the Indian subcontinent. *Journal of Applied Ecology* 41 (2004): 793-800.

생명에서 생명으로

Markandya, A., et al. Counting the cost of vulture decline—an appraisal of human health and other benefits of vultures in India. *Ecological Economics* 67, no. 2 (2008): 194-204.

Prakash, V., et al. Catastrophic collapse of Indian white-backed *Gyps bengalensis* and long-billed *Gyps indicus* vulture populations. *Biological Conservation* 19, no. 3 (2003): 381-390.

――――. Recent changes in populations of resident *Gyps* vultures in India. *Journal of the Bombay Natural History Society* 104, no. 2 (2007): 129-135.

Swan, G. E., et al. Toxicity of Diclofenac to *Gyps* vultures. *Biology Letters* 2, no. 2 (2006): 279-282.

6장. 생명의 나무

균류(버섯)

균류의 종류는 무한하다. 균류 식별을 돕는 훌륭한 책과 도감도 무수히 많다. 보통 채색이 되어 있거나 사진이 실려 있다. 내가 좋아하는 책은 다음과 같다. 다음 책들에는 41가지과 버섯들의 사진이 수천 장 실려 있다.

Laessoe, T., A. Del Conte, and G. Lincoff. *The Mushroom Book: How to Identify, Gather, and Cook Wild Mushrooms and Other Fungi*. New York: DK Publishing, 1996.

Phillips, R. *Mushrooms of North America*. Boston: Little, Brown, 1991.

Roberts, P., and S. Evans. *The Book of Fungi: A Life-Size Guide to Six Hundred Species from Around the World*. Chicago: University of Chicago Press, 2011.

Stamets, Paul. *Mycelium Running: How Mushrooms Can Save the World*. New York: Ten Speed Press, 2005.

나무의 부패

Dreistadt, S. H., and J. K. Clark. *Pests of Landscape Trees and Shrubs: An Integrated Pest Management Guide*, 2nd ed. Davies, CA: University of California Agriculture and Natural Resources, 2004.

Hickman, G. W., and E. J. Perry. *Ten Common Wood Decay Fungi in Landscape Trees: Identification Handbook*. Sacramento: Western Chapter, ISA, 2003.

Parkin, E. A. The digestive enzymes of some wood-boring beetle larvae. *Journal of Experimental Biology* 17 (1940): 364-377.

Shortle, W. C., J. A. Menge, and E. B. Cowling. Interaction of bacteria, decay fungi, and live sapwood in discoloration and decay of trees. *Forest Pathology* 8 (1978): 293-300.

꽃무지

Peter, C. E., and S. D. Johnson. Pollination by flower chafer beetles in *Eulophia ensata* and *Eulophia welwitchie* (Orchidacea). *South African Journal of Botany* 75 (2009): 762-770.

죽은 나무의 활용

Evans, Alexander M. *Ecology of Dead Wood in the Southeast* (www.forestguild.org/ SEdeadwood.htm), 2011. 환경보호재단이 후원한 이 리뷰는 200여 개 자료를 분석하고 있다.

Kalm, Peter. *The America of 1750: Peter Kalm's Travels in North America*, vol. 1. Trans. from Swedish, ed. Adolph B. Benson. New York: Dover, 1937.

Kilham, L. Reproductive behavior of yellow-bellied sapsuckers. I. Preferences for nesting in *Fomes*-infected aspens and nest hole interrelations with flying squirrels, raccoons, and other animals. *Wilson Bulletin* 83, no. 2 (1971): 159-171.

Schmidt, M. M. I., et al. Persistence of soil organic matter as an ecosystem property. *Nature* 478 (2011): 49-56.

7장. 똥을 먹는 벌레

Bartholomew, G. A., and B. Heinrich. Endothermy in African dung beetles during flight, ball making, and ball rolling. *Journal of Experimental Biology* 73 (1978): 65-83.

Edwards, P. B., and H. H. Aschenbourn. Maternal care of a single offspring in the dung beetle *Kheper nigroaeneus*: consequences of extreme parental investment. *Journal of Natural History* 23 (1975): 17-27.

Hanski, Ilkka, and Yves Cambefort, eds. *Dung Beetle Ecology*. Princeton, N.J.: Princeton University Press, 1990. 여러 저자가 참여하여 소똥구리의 세계적 분포, 분류, 생태, 자연사를 개괄하고 리뷰한 책이다.

Heinrich, B., and G. A. Bartholomew. The ecology of the African dung beetle. *Scientific American* 241, no. 5 (1979): 146-156.

―――. Roles of endothermy and size in inter- and intraspecific competition for elephant dung in an African dung beetle, *Scarabaeus laevistriatus*. *Physiological Zoology* 52 (1978): 484-494.

Ybarrondo, B. A., and B. Heinrich. Thermoregulation and response to competition in the African dung ball-rolling beetle *Kheper nigroaeneus* (Coleoptera: Scarabaeidae). *Physiological Zoology* 69 (1996): 35-48.

코끼리의 씨앗 전파

Campos-Arceiz, A., and S. Black. Megagardeners of the forest―the role of elephants in seed dispersal. *Acta Oecologica* (in press).

고대의 딱정벌레 청소동물

Chin, Karen, and B. D. Gill. Dinosaurs, dung beetles, and conifers: participants in a Cretaceous food web. *Palaios* 11, no. 3 (1996): 280-285.

Duringer, P., et al. First discovery of fossil brood balls and nests in the Chadian Pliovene Australopithecine levels. *Lethaia* 33 (2000): 277-284.

Grimaldi, D., and M. S. Engel. *Evolution of the Insects*. Cambridge, UK: Cambridge University Press, 2005.

Kirland J. I., and K. Bader. Insect trace fossils associated with *Protoceratops carcasses* in the Djadokhta Formation (Upper Cretaceous), Mongolia. In *New Perspectives on Horned Dinosaurs: The Royal Tyrell Museum Ceratopsian Symposium*, ed. M. J. Ryan, B. J. Chinnery-Allgeier, and D. A. Eberth, pp. 509-519. Bloomington: Indiana University Press, 2010.

딱정벌레와 생물학적 방제

Bornemissza, G. F. An analysis of arthropod succession in carrion and the effect of its decomposition on the soil fauna. *Australian Journal of Zoology* 5 (1957): 1-12.

Michaels, K., and G. F. Bornemissza. Effects of clearfell harvesting on lucanid beetles (Coleoptera: Lucanidae) in wet and dry sclerophyll forests in Tasmania. *Journal of Insect Conservation* 3 (1999): 85-95.

Queensland Dung Beetle Project. Improving sustainable management systems in Queensland using beetles: final report of the 2001/2002 Queensland Dung Beetle Project (2002).

Sanchez, M. V., and J. F. Genise. Cleptoparasitism and detritivory in dung beetle fossil brood ball from Patagonia, Argentina. *Paleontology* 52 (2009): 837-848.

8장. 연어의 죽음, 그리고 생명으로의 순환

연어의 재순환

Hill, A. C., J. A. Stanford, and P. R. Leavitt. Recent sedimentary legacy of sockeye salmon (*Oncorhynchus nerka*) and climate change in an ultraoligotrophic, glacially turbid British Columbia nursery lake. *Canadian Journal of Fisheries and Aquatic Sciences* 66 (2009): 1141-1152.

Morris, M. R., and J. A. Stanford. Floodplain succession and soil nitrogen accumulation on a salmon river in southwestern Kamchatka. *Ecological Monographs* 81 (2011): 43-61.

Troll, Ray, and Amy Gulick. *Salmon in the Trees: Life in Alaska's Tongass Rain Forest.* Seattle: Braided River (Mountaineers Books), 2010.

9장. 다른 세계들

백악

Huxley, Leonard. *The Life and Letters of Thomas Henry Huxley.* New York: D. Appleton, 1901.

Huxley, T. H. On a piece of chalk. In *The Book of Naturalists*, ed. William Beebe. Princeton, N.J.: Princeton University Press, 1901.

고래 주검

Little, Crispin T. S. The prolific afterlife of whales. *Scientific American* (Feb. 2010): 78-84.

Smith, Craig R., and Amy R. Baco. Ecology of whale falls at the deep-sea floor. In *Oceanography and Marine Biology: An Annual Review* 41 (2003): 311-354, ed. R. N. Gibson and R. J. A. Atkinson.

열수구

Cavanaugh, Colleen M., et al. Prokaryotic cells in the hydrothermal vent tube worm *Riftia pachyptila* Jones: possible chemoautotrophic symbionts. *Science* 213 (1981): 340-342.

10장. 새로운 생명과 삶으로의 탈바꿈

변태

Rayn, Frank. *The Mystery of Metamorphosis: A Scientific Detective Story.* White River Junction, Vt.: Chelsea Green, 2011.

Truman, J. W., and L. M. Riddiford. The origin of insect metamorphosis. *Nature* 401 (1999): 447-452.

Wigglesworth, V. B. *The Physiology of Insect Metamorphosis.* Cambridge, UK: Cambridge University Press, 1954.

Williams, C. M. The juvenile hormone of insects. *Nature* 178 (1956): 212-213.

박각시

Kitching, I. J., and J. M. Cadiou. *Hawkmoths of the World.* Ithaca, N.Y.: Cornell University Press, 2000.

유충

Williamson, D. I. *The Origin of Larvae.* Boston: Kluwer Academic, 2003.

_____. Hybridization in the evolution of animal form and life-cycle. *Zoological Journal of the Linnaean Society* 148 (2006): 585-602.

11장. 믿음, 매장, 영원히 이어지는 생명

Cambefort, Y. Le scarabée dans l'Egypte ancienne: origin et signification du symbole. *Révue de l'Histoire des Religions* 204 (1978): 3-46. 이집트의 미라가 소똥구리에게 영감을 받았

다는 이야기.

Robinson, A. How to behave beyond the grave. *Nature* 468 (2010): 632-633.

Schutz, E. Berichte über Geier als Aasfresser aus den 18. und 19. Jahrhundert. *Anzeiger der Ornithologischen Gesellschaft Bayern* 7 (1966): 736-738.

Schüz, Ernst, and Claus König. Old World vultures and man. In *Vulture Biology and Management*, ed. S. R. Sanford and A. L. Jackson. Berkeley: University of California Press, 1983, pp. 461-469.

티베트의 풍습

Hedin, S. *Transhimalaya*, vol. 1. Leipzig: Brockhaus, 1909.

Schafer, E. Ornithologische Forschungsergebnisse zweier Forschungsreisen nach Tibet. *Journal für Ornithologie* 86 (1938): 156-166.

Taring, R. D. 1872. *Ich Bin Eine Tochter Tibets: Leben im Land der vertriebenen Gotter.* Hamburg: Marion von Schröder, 1872.

신세계의 독수리 숭배

Lewis-Williams, D., and D. Pearce. *Inside the Neolithic Mind: Consciousness, Cosmos and the Realm of the Gods*, pp. 116-117. London: Thames and Hudson, 2003.

Mellaart, J. *Çatal Hüyük, a Neolithic Town in Anatolia.* London: Thames and Hudson, 1967.

Mithen, Steven. *After the Ice: A Global Human History 20,000-5,000 BC.* Cambridge: Harvard University Press, 2004.

Selvamony, N. Sacred ancestors, sacred homes. In *Moral Ground: Ethical Action for a Planet in Peril*, ed. K. D. Moore and M. P. Nelson. San Antonio, Tex.: Trinity University Press, 2010, pp. 137-140.

찾아보기

생명에서 생명으로

생명에서 생명으로

생명에서 생명으로

생명에서 생명으로

생명에서 생명으로

생명에서 생명으로

생명에서 생명으로

생명에서 생명으로

생명에서 생명으로

1판 1쇄 펴냄 2015년 11월 20일
1판 4쇄 펴냄 2019년 11월 5일

지은이 베른트 하인리히
옮긴이 김명남

주간 김현숙
편집 변효현, 김주희
디자인 이현정, 전미혜
영업 백국현, 정강석
관리 오유나

펴낸곳 궁리출판
펴낸이 이갑수

등록 1999년 3월 29일 제300-2004-162호
주소 10881 경기도 파주시 회동길 325-12
전화 031-955-9818
팩스 031-955-9848
전자우편 kungree@kungree.com
홈페이지 www.kungree.com
페이스북 /kungreepress
트위터 @kungreepress

ⓒ 궁리, 2015.

ISBN 978-89-5820-332-2 03470

값 18,000원